数据库技术及应用

主 编 郭 静 李 真
副主编 杨 倩 赖 敏 孙双林

U0190789

重庆大学出版社

内容提要

本书充分体现了职业教育特色，从职业岗位能力出发，将数据库需求分析、数据库设计和数据库维护三方面内容相结合，建立以数据库设计过程为主线的教学内容体系。本书以 MySQL 数据库作为平台，以一组系统化的例子贯穿全书，新颖独特，具有普遍适用性。

本书既可作为高等院校计算机基础课及相关专业数据库技术课程的教材，也可作为数据库自学者的参考用书。

图书在版编目（CIP）数据

数据库技术及应用／郭静,李真主编. -- 重庆：
重庆大学出版社,2019. 8（2021. 1 重印）
ISBN 978-7-5689-1559-5

Ⅰ. ①数… Ⅱ. ①郭… ②李… Ⅲ. ①数据库系统—
高等学校—教材 Ⅳ. ①TP311. 13

中国版本图书馆 CIP 数据核字（2019）第 093098 号

数据库技术及应用

主编 郭 静 李 真
副主编 杨 倩 赖 敏 孙双林
策划编辑：彭 宁

责任编辑：姜 凤　　版式设计：彭 宁
责任校对：王 倩　　责任印制：张 策
*
重庆大学出版社出版发行
出版人：饶帮华
社址：重庆市沙坪坝区大学城西路 21 号
邮编：401331
电话：（023）88617190　88617185（中小学）
传真：（023）88617186　88617166
网址：http://www. cqup. com. cn
邮箱：fxk@ cqup. com. cn（营销中心）
全国新华书店经销
重庆升光电力印务有限公司印刷
*
开本：787mm×1092mm　1/16　印张：16. 75　字数：378 千
2019 年 8 月第 1 版　　2021 年 1 月第 2 次印刷
印数：3 001—5 000
ISBN 978-7-5689-1559-5　定价：48. 00 元

前　言

目前,数据库技术已成为计算机领域内的一个重要部分。数据库技术的课程已经成为计算机科学与技术、信息管理与工程、软件工程等专业的核心课程,也是许多其他专业的重要选修课。

结合我院本科专业的特色,同时,为了达到我院本科人才培养的目标,特编写了《数据库技术及应用》这本教材。本教材以数据库设计过程作为主线,引出了数据库的相关概念和整个数据库框架体系,理顺了数据库原理、设计和应用的有机联系。本教材注重数据库理论知识,同时也注重学生的动手能力,特别是在编写思路上始终体现"以学生为中心"的教学理念,注重激发学生主动探索知识的欲望。

本教材内容包括 3 个模块:模块一为数据库设计,模块二为数据库实施,模块三为数据库维护。其中数据库设计包括需求分析、概念设计和逻辑设计;数据库实施包括数据库的体系结构、三级模式和两级映像、数据库及表的创建与维护、SQL 通用查询等;数据库维护主要介绍了数据库的运行原理、事务及锁、用户与管理权限、视图、存储过程、触发器等。

参与编写本教材的团队,有 1 位教授,2 位副教授和若干名讲师。同时,在编写过程中也参考了其他高校教师的教材,在此致以诚挚的感谢。

本教材逻辑性、系统性、实用性强,既可作为计算机技术、软件工程以及相关专业专科生和本科生的教材,也可作为从事信息系统开发的专业人员的参考书。

由于编者水平有限,书中难免存在疏漏或不足之处,恳请读者批评和指正。

编者

2018 年 12 月

目　录

模块一　数据库设计

模块二　数据库实施

模块三 数据库维护

模块一 数据库设计

目前,大多数的应用系统都属于数据库应用程序,都离不开数据库的支持。数据库设计方案的优劣对于应用程序的运行至关重要。数据库设计过程就是针对具体的应用环境,设计优化的逻辑模式,并根据所采用的数据库系统设计物理结构,最后建立应用程序的数据库的过程。

数据库设计过程可以理解为提出问题、分析问题、解决问题的过程,具体包含 6 个步骤,即需求分析、概念结构设计、逻辑结构设计、物理结构设计、数据库实施、数据库运行和维护,如下图所示。

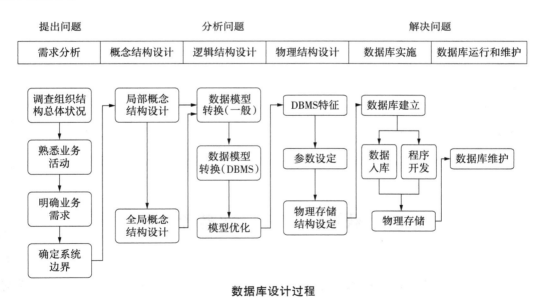

数据库设计过程

第1章 需求分析

要进行数据库设计首先必须准确了解和分析用户需求(包括数据与处理)。需求分析是整个设计过程的基础,也是最困难、最耗时的一步。需求分析是否做得充分和准确,决定了在其上构建数据库大厦的速度与质量。需求分析做得不好,会导致整个数据库设计返工重做。

需求分析的主要任务是通过详细调查现实世界中要处理的对象(包括组织结构、业务管理流程等),充分了解其工作概况及工作流程,明确各类用户的不同需求,在考虑本系统今后可能出现的扩展及改变的前提下,确定本系统的功能。需求分析阶段的主要工作:分析用户活动,产生业务流程图;分析用户活动涉及的数据,产生数据流图;分析系统数据,产生数据字典。

学习目标:

- 理解需求分析的主要目的;
- 掌握需求分析的方法;
- 掌握业务流程图、数据流图的画法;
- 掌握数据字典的编写方式。

1.1 获取需求——业务流程图

需求分析的重点是调查、收集和分析用户数据管理中的信息需求、处理需求及安全性与完整性需求。信息需求是指用户需要从数据库中获得的信息的内容和性质。由用户的信息需求可以导出数据需求,即在数据库中应该存储哪些数据。处理需求是指用户要求完成什么处理功能,对某种处理要求的响应时间等。明确用户的处理需求,将有利于后期应用程序模块的设计。安全性与完整性需求则是从系统运行的稳定性、有效性出发,对系统提出的性能上的需求。

业务流程图(Transaction Flow Diagram，TFD)是一种描述管理系统内各单位、人员之间的业务关系，作业顺序和管理信息流向的图表。它用一些规定的符号及连线表示某个具体业务的处理过程，帮助分析人员全面了解业务处理的过程，是进行系统分析的依据，也是系统分析员、管理人员、业务操作人员相互交流的工具。业务流程图描述的是完整的业务流程，以业务处理过程为中心，一般没有数据的概念。

业务流程图的基本符号如图 1.1 所示。最基本的业务流程图一般仅使用起止框、判断框、处理框与流向线即可描述业务流程。

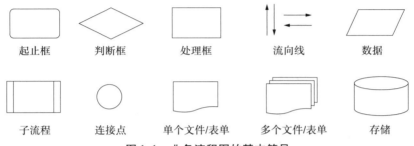

图 1.1　业务流程图的基本符号

①圆角矩形、扁圆:表示流程图程序的开始和结束，为起始框和结束框。

②菱形:表示判断或评审，是一个审核环节，为判断框。

③矩形:执行方案、处理工作的环节，为处理框。

④箭头:工作流程的顺序和方向，为流向线。

⑤平行四边形:数据处理，或资料的输出或输入，为输入/输出框。

⑥带左右框矩形:表示子流程，可在后面进行再次分解。

⑦小圆形:流程图中一个进程和另一个进程的交叉引用，为连接点/联系框。

⑧单页面符号:表示单个文件或单个表单。

⑨多页面符号:表示多个文件或多个表单。

⑩圆柱:表示存档。

一个完整的业务流程图应满足以下几点:

①有明确定义的起始点和终止点。

②输入和输出尽可能量化。

③每一个任务框标明负责的人员或部门，标明人员的职务/负责的范围。

业务流程图主要有以部门或岗位为单位和以活动为单位(泳道图)两种描述法。以部门或岗位为单位的业务流程图通过各单位之间的连线表示动作或它们之间的关联，通过连线上的序号表示活动的先后，它可以较为明确地表示出各单位的输出和输入以及它们之间的其他联系。以活动为单位的业务流程图则以执行活动的部门为分界(泳道)，将活动按其所在泳道及前后关系用箭头进行连接，它能突出活动的逻辑关系，并能表示各部门的责任。图1.2 为某餐厅的业务流程图。在业务流程中，泳道图是最常用的表现形式，但不管采用什么样的方法，准确地描述出组织的业务流程才是最终目的。

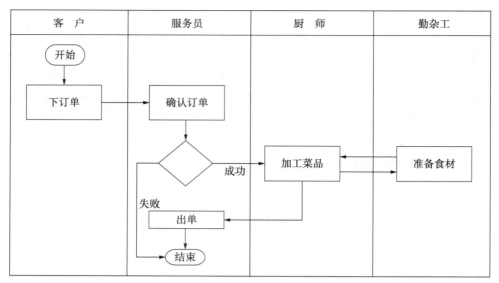

图1.2 某餐厅的业务流程图

绘制业务流程图主要经过以下几个步骤：

（1）**调研**

了解组织机构的情况，调查这个组织由哪些部门组成，各部门的职责是什么，为分析信息流程做准备。了解各部门的业务活动情况，调查各部门输入和使用什么数据，如何加工处理这些数据。输出什么信息，输出到什么部门，输出的格式等。在调查活动的同时，要注意对各种资料的收集，如票证、单据、报表、档案、计划、合同等，要特别注意了解这些报表之间的关系、各数据项的含义等。

在调查过程中，根据不同的问题和条件，可采用的调查方法很多，如跟班作业、咨询业务权威、设计调查问卷、查阅历史记录等。但无论采用哪种方法，都必须有用户的积极参与和配合。强调用户的参与是数据库设计的一大特点。

（2）**梳理并呈现**

确定角色（部门、岗位或人）、活动（做了什么事情）、次序（事情的先后顺序）、规则（什么情况下做什么事情），将活动按照业务流程图的格式分层绘制。

（3）**评审及完善**

将涉及的各个部门/人员进行集中评审，确定业务流程图是否真实地符合需求。

以教学管理系统为例。某学校希望设计学校教学管理系统，经调研知：学生实体包括学号、姓名、性别、生日、民族、籍贯、简历、入学日期。每名学生选择一个主修专业，专业包括专业编号、名称、类别，一个专业属于一个学院，一个学院可以有多个专业。学院信息包括学院号、学院名、院长。教学管理包括管理课程表、学生成绩表。课程包括课程号、课程名、学分，每门课程由一个学院开设。学生选修的每门课程获得一个成绩。

调查了解用户的需求后，还需要进一步分析和抽象用户的需求，使之转换为后续各设计阶段可用的形式。在众多分析和表达用户需求的方法中,结构化分析(Structured Analysis,SA)是一个简单实用的方法。SA 方法采用自顶向下、逐层分解的方式分析系统,用数据流图(Data Flow Diagram,DFD)、数据字典(Data Dictionary,DD)描述系统。

1.2　分析需求——数据流图

数据流图作为一种图形化的设计方法,用来说明业务处理过程、系统边界内所包含的功能和系统中的数据流。它是从数据的传递和加工角度,以图形方式来表达系统的逻辑功能,数据在系统内部的逻辑流向和逻辑交换过程,是结构化系统分析方法的主要表达工具及用于表示软件模型的一种图示放大。因为数据流图是逻辑系统的图形表示,即使不是专业的计算机技术人员也容易理解,所以是一款极好的交流工具。

在 DFD 中,通常会出现 4 种基本符号,分别是数据流、加工、数据存储和外部实体(数据源和数据终点),如图 1.3 所示。数据流是具有名字和流向的数据,用标有箭头的名字表示。加工是对数据流的转换,用圆圈表示。数据存储是可以访问的存储信息,用直线段表示。外部实体是位于被建模系统之外的信息生产者和消费者,是不能由计算机处理的部分,表示数据处理的来源和去向,用标有名字的方框表示。

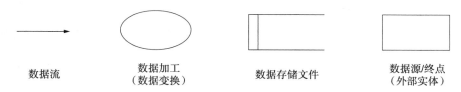

数据流　　　数据加工　　　　数据存储文件　　　数据源/终点
　　　　　　(数据变换)　　　　　　　　　　　　(外部实体)

图 1.3　数据流图基本符号

数据流图是有层次之分的,越高层次的数据流图表现的业务逻辑越抽象,越低层次的数据流图表现的业务逻辑则越具体。在 SA 方法中,可以把任何一个系统都抽象为图 1.4 所示的形式。

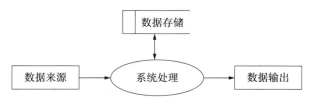

图 1.4　系统顶层数据流图

顶层数据流图是最高层次抽象的系统概貌,要反映更详细的内容,可将处理功能分解为若干个子功能,每个子功能还可继续分解,直到把系统工作过程表示清楚为止。教学管理系统的功能模块划分,如图 1.5 所示。

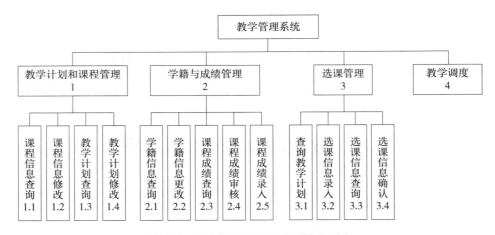

图 1.5 教学管理系统的功能模块划分

在处理功能逐步分解的同时,它们所用的数据也逐级分解,形成若干层次的数据流图,如图 1.6 至图 1.9 所示。

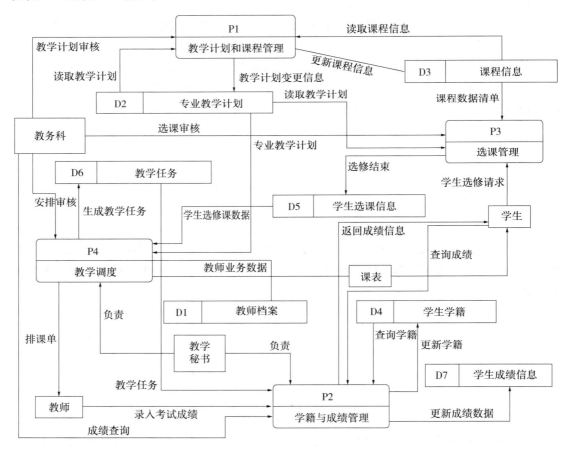

图 1.6 1 层数据流图

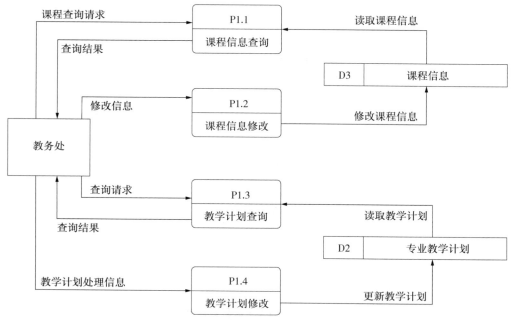

图 1.7　2 层 P1 子流程数据流图

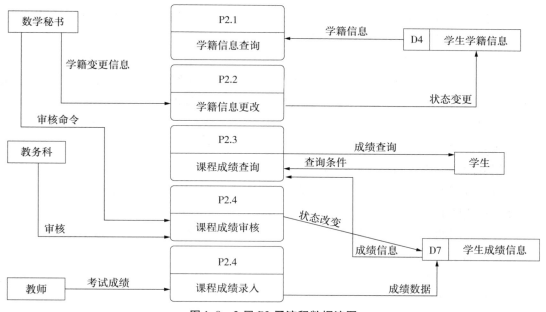

图 1.8　2 层 P2 子流程数据流图

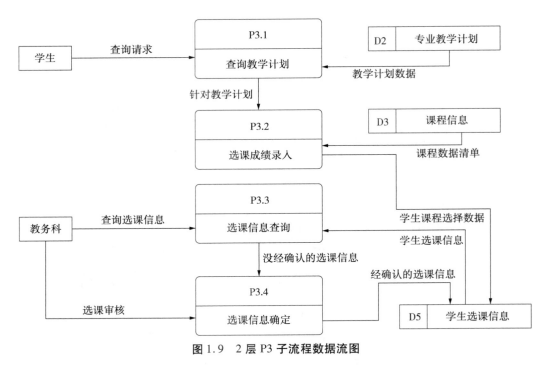

图 1.9 2 层 P3 子流程数据流图

画数据流图的步骤概括地说,就是"自外向内,自顶向下,逐层细化,完善求精"。其具体步骤如下:

①先找系统的数据源点与汇点。它们是外部实体,由它们确定系统与外界的接口。

②找出外部实体的输出数据流与输入数据流。

③画出系统的外部实体。

④从外部实体的输出数据流(即系统的源点)出发,按照系统的逻辑需要,逐步画出一系列逻辑加工,直到找到外部实体所需的输入数据流(即系统的汇点),形成数据流的封闭。

⑤按照原则进行检查和修改。

⑥按照上述步骤,再从数据加工出发,画出所需的子图。

数据流图进行检查和修改的原则:

①数据流图上所有图形符号只限于前述 4 种基本符号,如图 1.3 所示。

②数据流图的主图必须包括前述 4 种基本符号,缺一不可。

③数据流图的主图上的数据流必须封闭在外部实体之间,外部实体可以不止一个。

④每个加工至少有一个输入数据流和一个输出数据流。

⑤在数据流图中,需按层给加工框编号。编号表明该加工处在哪一层,以及上下层的父图与子图的对应关系。

⑥任何一个数据流子图必须与它上一层的一个加工对应,二者的输入数据流和输出数据流必须一致,即父图与子图的平衡。它表明了在细化过程中输入与输出不能有丢失和添加。

⑦图上的每个元素都必须有名字。表明数据流和数据文件是什么数据,加工做什么事情。

⑧数据流图中不可夹带控制流。因为数据流图是实际业务流程的客观映象,说明系统"做什么"而不是要表明系统"如何做",所以不是系统的执行顺序,不是程序流程图。

⑨初画时可以忽略琐碎的细节,以集中精力于主要数据流上。

在需求分析期间,有时会要求修改系统的某些方面。使用数据流图可以很容易地把需要修改的区域分离出来。只要清楚地了解穿过要修改区域边界的数据流,就可以为将来的修改做好充分的准备,而且在修改时能够不打乱系统的其他部分。

1.3　描述需求——数据字典

数据字典是指对数据的数据项、数据结构、数据流、数据存储、处理逻辑、外部实体等进行定义和描述,其目的是对数据流程图中的各个元素作出详细的说明,使用数据字典为简单的建模项目。简而言之,数据字典是描述数据的信息集合,是对系统中使用的所有数据元素的定义的集合。

数据字典是关于数据的信息的集合,也就是对数据流图中包含的所有定义的集合。在数据字典中建立一组严密一致的定义有助于改进分析员和用户之间、不同的开发人员或不同的开发小组之间的通信,能消除许多可能的误解。

数据流图和数据字典共同构成系统的逻辑模型,没有数据字典,数据流图就不严格,若没有数据流图,数据字典也难于发挥作用。只有数据流图和对数据流图中每个元素的精确定义放在一起,才能共同构成系统的需求说明。

数据字典各部分的描述如下:

(1)*数据项*

数据项是不可再分的数据单位。对数据项的描述通常包括以下内容:

数据项描述＝{数据项名,数据项含义说明,别名,数据类型,长度,
取值范围,取值含义,与其他数据项的逻辑关系}

其中,"取值范围""与其他数据项的逻辑关系"定义了数据的完整性约束条件,是设计数据检验功能的依据。

若干个数据项可以组成一个数据结构,见表1.1。

表 1.1　P3 中数据项的描述

数据项名	数据项含义说明	别　名	数据类型	取值范围	取值含义
学号	唯一标识每个学生	学生编号	字符	10 个宽度	…
学生姓名	学生的姓名		可变字符	0 ~ 20	…
学生性别	学生的性别		字符	2 个字符	男或女

续表

数据项名	数据项含义说明	别　名	数据类型	取值范围	取值含义
出生日期	学生的出生日期		日期		…
课程号	课程的编号	课程编号	字符	5	…
课程名称	课程的中文名称		可变字符	40	…
学分	课程的学分	课程学分	浮点型字符	0～5	16 学时 1 学分
班级编号			字符		…
班级名称			字符		…
教师编号			字符		…
教师姓名			字符		…
…	…	…	…	…	…

（2）数据结构

数据结构反映了数据之间的组合关系。一个数据结构可以由若干个数据项组成，也可以由若干个数据结构组成，或由若干个数据项和数据结构混合组成，见表1.2。对数据结构的描述通常包括以下内容：

数据结构描述＝｛数据结构名，含义说明，组成：｛数据项或数据结构｝｝

表 1.2　P3 中数据结构的描述

序　号	数据结构名	含义说明	组　成
1	学生	定义一个学生的相关信息	学号，姓名，性别，出生年月，…
2	教务科	定义一个教务科工作人员的信息	工作人员编号，姓名，性别，…
3	教师	定义任课老师信息	姓名，性别，出生年月，…
4	系	定义教学院系信息	编号，名称，负责人，电话，…

（3）数据流

数据流是数据结构在系统内传输的路径，见表1.3。对数据流的描述通常包括以下内容：

数据流描述＝｛数据流名，说明，数据流来源，数据流去向，
组成：｛数据结构｝，平均流量，高峰期流量｝

其中，"数据流来源"是指该数据流来自哪个过程，即数据的来源。"数据流去向"是指该数据流将到哪个过程去，即数据的去向。"平均流量"是指在单位时间（每天、每周、每月等）里的传输次数。"高峰期流量"是指在高峰时期的数据流量。

表 1.3　P3 中数据流的描述

序　号	数据流名	数据流来源	数据流去向	组　成	平均流量与高峰期流量
1	(学生)教学计划查询请求	需要选课的学生	P3.1	班级号或学号	…
2	教学计划数据	S2 教学计划信息	P3.1	班级号+课程编号+开课学年+开课学期	…
3	课程数据清单	D3 课程信息	P3.2	课程号+课程名称+学时+学分+课程性质	…
4	学生课程选择数据	P3.2	D5	课程编号+年号+学期号+学号	…
5	选课信息查询	教务科	P3.3	班级号+课程号+学年+学期	…
6	没经确认的选修	P3.3	P3.4	课程编号+年号+学期号+学号	…
7	选课审核	教务科	P3.4	课程编号+年号+学期号+学号	…
8	经确认的选课信息	P3.4	DS	课程编号+年号+学期号+学号	…

(4)数据存储

数据存储是数据结构停留或保存的地方,也是数据流的来源和去向之一,见表1.4。对数据存储的描述通常包括以下内容:

$$数据存储描述=\{数据存储名,说明,编号,流入的数据流,流出的数据流,$$
$$组成:\{数据结构\},数据量,存取方式\}$$

其中,"数据量"是指每次存取多少数据,每天(或每小时、每周等)存取几次等信息。"存取方法"包括是批处理还是联机处理,是检索还是更新,是顺序检索还是随机检索等。

另外,"流入的数据流"要指出其来源,"流出的数据流"要指出其去向。

表 1.4　P3 中数据存储的描述

序　号	数据文件	说明	关键标识	组　织
1	D2 教学计划信息	级号+课程编号+开课学年+开课学期	全部	按开课学年,学期,班级号降序
2	D3 学生选课信息	学号+课程编号+开课学年+开课学期	全部	按开课学年,学期,学号降序
3	D5 课程数据清单	课程编号+课程名称+课程说明	课程编号	课程编号排序

（5）处理过程

数据字典中只需要描述处理过程的说明性信息，见表 1.5，通常包括以下内容：

处理过程描述＝｛处理过程名,说明,输入：｛数据流｝,输出：｛数据流｝,处理：｛简要说明｝｝

其中，"简要说明"中主要说明该处理过程的功能及处理要求。功能是指该处理过程用来做什么（并不是怎么做）；处理要求包括处理频度要求，如单位时间里处理多少事务，多少数据量，响应时间要求等，这些处理要求是后面物理设计的输入及性能评价的标准。

表 1.5　P3 中数据处理的描述

序　号	处理过程	对应模块编号	输　入	输　出	处理逻辑
1	查询教学计划	P3.1	学生选课查询请求＋教学计划数据	针对的教学计划	针对选课请求进行查询
2	选课信息录入	P3.2	针对的教学计划	学生课程选择数据	根据学生对应的教学计划选择课程
3	选课信息查询	P3.3	选课信息查询＋选课数据	没经确认的选课信息	根据班级和课程号检查对应的未确认的选课清单
4	选课信息确认	P3.4	选课审核＋没经确认的选课数据	经确认的选课信息	选择选课清单进行确认

本章小结

本章介绍了数据库需求分析的任务、方法及呈现方式。

课后习题

对以下案例进行需求分析，要求画出其业务流程图、数据流图，确定其配套的数据字典。

1.机票预定信息系统

该系统功能的基本要求：航班基本信息，包括航班的编号、飞机名称、机舱等级等；机票信息，包括票价、折扣、当前预售状态及经手业务员等；客户基本信息，包括姓名、联系方式、证件及号码、付款情况等。按照一定条件查询、统计符合条件的航班、机票等,对结果打印输出。

2.人事信息管理系统

该系统功能的基本要求:员工各种信息,包括员工的基本信息,如编号、姓名、性别、学历、所属部门、毕业院校、健康情况、职称、职务、奖惩等;员工各种信息的修改,对转出、辞退、退休员工信息的删除;按照一定条件,查询、统计符合条件的员工信息;教师教学信息的录入,教师编号、姓名、课程编号、课程名称、课程时数、学分、课程性质等。科研信息的录入,教师编号、研究方向、课题研究情况、专利、论文及著作发表情况等。按条件查询、统计,结果打印输出。

3.超市会员管理系统

该系统功能的基本要求:加入会员的基本信息,包括成为会员的基本条件、优惠政策、优惠时间等;会员的基本信息,包括姓名、性别、年龄、工作单位、联系方式等;会员购物信息,包括购买物品编号、物品名称、所属种类,数量,价格等;会员返利信息,包括会员积分的情况、享受优惠的等级等。对货物流量及消费人群进行统计输出。

第 2 章　概念设计

数据库概念设计阶段的主要任务是对应用领域进行概念建模,提供一个单位的数据和数据间关系的模型,为数据库的逻辑设计提供基础。概念设计是一种语义建模的过程,与应用软件系统最终选用的数据库管理系统(Database Management System, DBMS)有关。

学习目标:

- 了解概念设计的基本概念;
- 了解概念设计的方法;
- 理解实体、属性、联系等的概念;
- 掌握 E-R 模型的画法。

数据库概念设计阶段是将需求分析得到的用户需求抽象为信息结构。数据库概念设计是整个数据库设计的关键阶段,其主要任务是通过对用户需求进行综合、归纳与抽象,形成一个独立于具体 DBMS 的概念模型。

概念模型实际上是现实世界到机器世界的一个中间层次。概念模型用于信息世界的建模,是现实世界到机器世界的第一层抽象。

概念数据模型是对信息世界建模,所以概念模型能够方便、准确地表示出上述信息世界中的常用概念。概念模型的表示方法有很多,其中最为著名的为实体-联系方法(Entity-Relationship)。该方法用 E-R 图来描述现实世界的概念模型,也称为 E-R 模型。它具有以下特点:

①能真实、充分的反映现实世界。包括事物和事物之间的联系,能够满足用户对数据的处理要求,是对现实世界的一个真实模型。

②易于理解。可用它和不熟悉计算机的用户交换意见,用户的积极参与是数据库设计成功的关键。

③易于更改。当应用环境和应用要求改变时,容易对概念模型进行修改和扩充。

④易于向关系、网状、层次等数据模型转换。

2.1　概念设计基本方法

概念设计结构通常有自顶向下、自底向上、逐步扩充和混合策略 4 类方法。

(1)自顶向下

首先定义全局概念结构的框架,然后逐步细化,如图 2.1(a)所示。

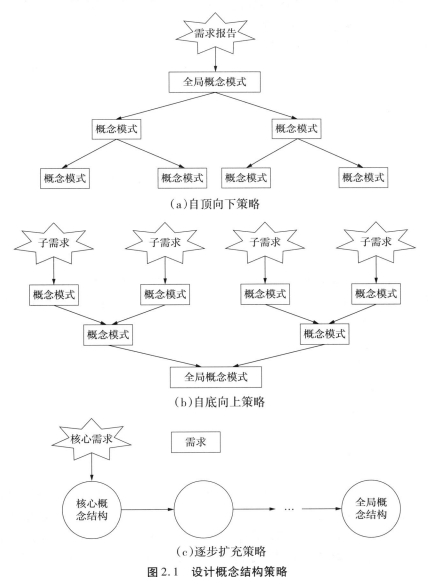

图 2.1　设计概念结构策略

（2）自底向上

首先定义各局部应用的概念结构，然后将它们集成起来，得到全局概念结构，如图2.1（b）所示。

（3）逐步扩充

首先定义最重要的核心概念结构，然后向外扩充，以滚雪球的方式逐步生成其他概念结构，直至形成总体概念结构，如图2.1（c）所示。

（4）混合策略

混合策略是将上述3种方法与实际情况结合起来使用，用自顶向下策略设计一个全局概念结构的框架，再以它为骨架集成自底向上策略中设计的各个局部新概念结构。

通常，当数据库系统不是特别复杂，且很容易掌握全局时，可以采用自顶向下策略；当数据库系统十分庞大，且结构复杂时，很难一次性掌握全局，这时一般采用自底向上策略；当时间紧迫，需要快速建立起一个数据库系统时，可以采用逐步扩张策略，但是该策略容易产生负面效果，所以要慎用。

2.2　局部概念模型设计

数据库概念设计的过程主要有以下两个阶段：

第一阶段：划分用户组，建立面向特定用户（组）的局部数据模式，即局部视图。

第二阶段：将所有的局部视图集成一个全局的数据模式，即全局视图。

局部视图的设计是从划分用户组开始，然后对每一个用户组建立一个局部视图。该视图是由实体、实体的属性、实体的主键和实体间的联系组成，具体步骤如下：

①确定局部视图的设计范围。

②确定实体及视图的属性。

③定义实体间的联系。

④给实体和联系加上描述属性。

2.2.1　局部视图设计范围

在用户需求分析阶段，已对整个系统的多层数据流图进行了描述。设计局部视图时，首先需要根据系统的具体情况，在多层的数据流图中选择一个适当层次的数据流图，让这组图中每个部分对应一个局部应用，然后以这个层次的数据流图为出发点设计局部视图。

设计局部视图时，通常以中间层数据流图作为设计局部视图的依据。因为顶层数据流图只能反映系统的概貌，底层数据流图又太详细，而中层数据流图恰好能反映系统中各局部应用的子系统组成。

确定局部视图设计范围时,应注意以下两点:

①一个局部视图内应包含关系最密切的若干功能域所涉及的数据。

②一个局部视图范围内的实体数不应过多、过于复杂,这样不便于理解和管理。

2.2.2　实体及主键

确定了局部视图的设计范围后,接着需进一步确定局部应用范围内的所有实体以及实体的主键。

1)实体

实体是指现实世界中抽象出来的一组具有某些共同特性和行为的对象。数据流图和数据字典中的分析结果是确定实体、属性及实体关键字的最重要的参考。在实际的设计中应注意,实体和属性是相对而言的。在某一应用中的实体可能在另一环境下是属性。因此,属性和实体之间可以给出两大准则。

①作为"属性",不能再具有需要描述的性质。"属性"必须是不可分的数据项,不能包含其他属性。

②作为"属性",不能与其他实体具有联系,即 E-R 图中所表示的联系是实体之间的联系。

凡满足上述两条准则的事物,一般均可视为属性对待。例如,某学校的"学院",它可作为描述"学生"实体的一个属性,说明学生属于哪个学院;如果在另一个环境下,需要建立"学院主任""学院办公室电话"等,则将"学院"作为实体来看。

在现实世界中,有些实体对另一些实体有很强的依赖关系,即一个实体的存在必须以另一个实体的存在为前提。前者称为"弱实体"。例如,在学生信息管理系统中,学生家长的信息是以学生的存在为前提的,只有学生实体存在,家长实体才会存在。家长实体是弱实体,学生与家长的联系是一种依赖联系。在 E-R 图中用双线框表示弱实体,如图 2.2 所示。

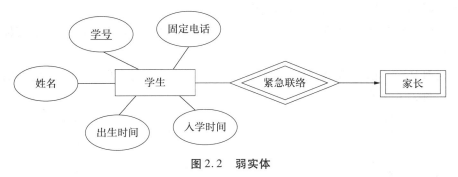

图 2.2　弱实体

2)主键

关系型数据库中的一条记录里有若干个属性,若其中某一个属性组能唯一标识一条记录,则该属性组就可以成为一个主键。

学生表(学号,姓名,性别,班级),每个学生的学号是唯一的,则学号是一个主键。

课程表(课程编号,课程名,学分),课程表中课程编号是唯一的,则课程编号是一个主键。

成绩表(学号,课程号,成绩),成绩表中单一一个属性无法唯一标识一条记录,学号和课程号的组合才可以唯一标识一条记录,所以学号和课程号的属性组是一个主键。

成绩表中的学号不是成绩表的主键,但它和学生表中的学号相对应,并且学生表中的学号是学生表的主键,则称成绩表中的学号是学生表的外键。主键与外键的区别见表2.1。

表 2.1　主键与外键的区别

	主　键	外　键
定　义	唯一标识一条记录,不能有重复的,不允许为空	表的外键是另一表的主键,外键可以重复的,可以是空值
作　用	用来保证数据完整性	用来和其他表建立联系
个　数	主键只能有一个	一个表可以有多个外键

2.2.3　实体间的联系及 E-R 模型

1)实体间的联系

实体内部及实体集之间的相互关系称为联系。在现实世界中,事物之间常常有联系。例如,学生对课程的学习就是学生与课程之间的联系,而部门对员工的管理就是员工与部门之间的联系。

联系是关系数据库的最重要思想,它将若干离散的数据联系在一起,你可以通过一个实体查找到与它有关系的所有实体。

按照联系的度数,可以将联系分为一元联系、二元联系和多元联系。

①一元联系:涉及单个实体的联系,即 1 个实体内部的联系,递归联系,自反联系。

②二元联系:两个实体之间的联系,这种联系最为常见。

③多元联系:涉及两个以上实体的联系。

映射基数也称为映射比例,指实体中的一个实例通过一个联系能同另一个实体相联系的实例数目。

按照映射基数,可以将联系分为一对一联系($1:1$)、一对多联系($1:n$)、多对多联系($m:n$),如图 2.3 所示。

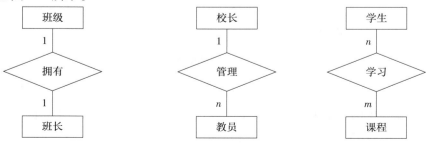

图 2.3　实体间联系的表示

2）E-R 模型

概念模型的表示方法有很多,其中最为常用的是于 1976 年提出的实体-联系方法（Entity-Relationship Approach）,即 E-R 模型。它提供了表示实体类型、属性和联系的方法,用来描述现实世界的概念模型。它是描述现实世界关系概念模型的有效方法,是表示概念关系模型的一种方式。

用“矩形框”表示实体型,矩形框内写明实体名称;用“椭圆图框”表示实体的属性;用“菱形框”表示联系;用“无向边”将其与相应关系的“实体型”连接起来,如图 2.4 所示。

图 2.4　E-R 图的表示

创建学生实体及属性和课程实体,分别如图 2.5 和图 2.6 所示。

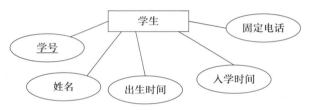

图 2.5　学生实体及属性

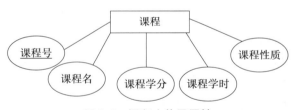

图 2.6　课程实体及属性

创建学生选课 E-R 图,如图 2.7 所示。

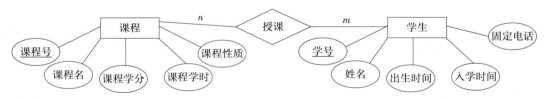

图 2.7　学生选课 E-R 图

创建局部 E-R 图的基本步骤如下:

①对需求进行分析,从而确定系统中所包含的实体;

②分析得出每个实体所具有的属性;

③找出每个实体的主键;

④确定实体之间的联系。

创建老师授课 E-R 图,如图 2.8 所示。

图 2.8　老师授课 E-R 图

2.3　全局概念模型设计

局部 E-R 图的设计从局部的需求出发,比开始就设计全局模式要简单得多。有了各局部 E-R 图,就可通过局部 E-R 图的集成设计全局模式。在进行局部 E-R 图集成时,需按照以下步骤来进行。

(1)确认局部 E-R 模型图中的对应关系相冲突

局部模型之间不可避免地存在有很多不一致的地方,称为冲突。常见的冲突有命名冲突、概念冲突、域冲突和约束冲突 4 种。

1)命名冲突

命名冲突有同名异义和同义异名两种。例如,"学生"和"课程"这两个实体集在教务处的局部 E-R 图和研究生院的局部 E-R 图中含义是不同的。在教务处的局部 E-R 图中,"学生"和"课程"是指大学生和大学生的课程;在研究生院的局部 E-R 图中,"学生"和"课程"是指研究生和研究生的课程,这属于同名异义。在教务处的局部 E-R 图中学生实体集有"何时入学"这一属性,在研究生院的局部 E-R 图中有"入学日期"这一属性,两者属于同义异名。

2)概念冲突

同一个概念在一个局部 E-R 图中可能作为实体集,在另一个局部 E-R 图中可能作为属性或联系。例如,如果用户提出要求,选课也可以作为实体集,而不作为联系。

3)域冲突

相同的属性采用不同的度量单位,称为域冲突。相同的属性在不同的局部 E-R 图中有不同的域。例如,学号在一个局部 E-R 图中可能当作字符串,在另一个局部 E-R 图中则可能当作整数。

4)约束冲突

不同局部 E-R 图可能有不同的约束。例如,对于"选课"这个联系,大学生和研究生选课数量的最低和最高的限定可能不一样。

（2）消除冗余，合并局部 E-R 图，形成全局模式

在合并局部 E-R 图时，可能存在冗余的数据和实体间冗余的联系。冗余信息的存在会影响数据库的完整性，给数据库的管理增加困难，应当予以消除。消除冗余的问题比较复杂，有些冗余信息虽对管理带来问题，但却对提高数据库的效率有好处。因此，在设计数据库的过程中，局部 E-R 图合并时，冗余信息的消除和存在要根据整体需求来确定，如图 2.9 所示。

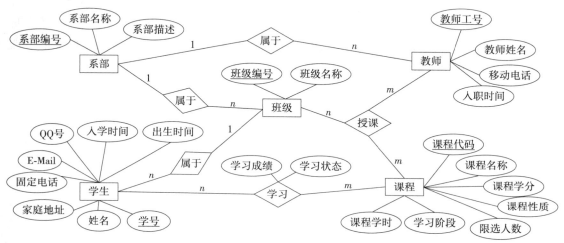

图 2.9　学生课程管理全局 E-R 图

本章小结

本章主要围绕概念模型的 E-R 模型进行详细讲解。涉及实体、属性、联系等概念，以及局部 E-R 模型的创建、合成 E-R 模型等。要求学生掌握 E-R 模型的画法。

课后习题

1. 现有论文和作者两个实体。论文实体的属性包括题目、期刊名称、年份、期刊号；作者实体的属性包括姓名、单位、地址。一篇论文可以有多个作者，且每一位作者写过多篇论文，在每一篇论文中有作者的顺序号，请画出 E-R 图。

2. 某企业集团有若干工厂，每个工厂生产多种产品，且每一种产品可以在多个工厂生产,每个工厂按照固定的计划数量生产产品,计划数量不低于300;每个工厂聘用多名职工,且每名职工只能在一个工厂工作,工厂聘用职工有聘期和工资。工厂的属性有工厂编号、厂名、地址,产品的属性有产品编号、产品名、规格,职工的属性有职工号、姓名、技术等级。请为该企业集团进行概念设计,画出 E-R 图。

3. 某汽车运输公司的数据库中有 3 个实体集。一是"车队"实体集,属性有车队号、车队名等;二是"车辆"实体集,属性有车牌照号、厂家、出厂日期等;三是"司机"实体集,属性有司机编号、姓名、电话等。设车队与司机之间存在"聘用"联系,每个车队可聘用若干名司机,但每名司机只能应聘于一个车队,车队聘用司机有聘期;司机与车辆之间存在着"使用"联系,司机使用车辆有使用日期和公里数,每名司机可以使用多辆汽车,每辆车可被多个司机使用。要求:试画出 E-R 图,并在图上注明属性、联系类型。

第 3 章　逻辑设计

数据库逻辑设计阶段的主要任务是在概念设计的基础上,利用一些映射关系得到一组关系模式集,然后用关系数据理论对关系模式进行优化。

学习目标:

- 了解关系模式的概念;
- 掌握概念模型向关系模型的转换;
- 掌握数据的函数依赖;
- 掌握第一范式、第二范式和第三范式;
- 了解数据字典中表的设计。

3.1　关系模型的基本概念

数据库模型是构建数据库系统的一个核心问题。数据库系统所支持的主要数据模型有层次模型、网状模型和关系模型。

3.1.1　关系模型

在现实世界中,人们经常用表格的形式来表示数据信息,但是在日常生活中使用的表格往往比较复杂,因此,在关系模型中的基本数据结构就用一张二维表来表示,由行和列组成。每一张二维表称为一个关系(Relation),水平的行称为元组,垂直的列称为属性。二维表中存放了两种数据,即实体本身的数据和实体间的联系。

对于关系的描述称为关系模式(Relation Schema)。它可以形式化的表示为:R(U,D,DOM,F)。其中,R 为关系名,U 为组成该关系的属性名的集合,D 为属性组 U 中属性所来自的域,DOM 为属性向域的映像集合,F 为属性间数据的依赖关系。关系模式通常也可以简单地记为 $R(A_1, A_2, \ldots, A_n)$,其中,$A_1, A_2, \ldots, A_n$ 为属性名。域名及属性向域的映像常常表示为属性的类型和长度。

关系模型具有以下特点:

①关系模型的概念单一。无论是实体还是实体间的联系都用关系来表示。

②关系必须规范化。规范化是指关系模型中的每一个关系模式都要满足一定的要求。

③集合操作。操作的对象和结果都是元组的集合,即关系。

关系模型由 3 部分组成,即数据结构、关系操作和关系完整性。

3.1.2 数据结构

关系模型的数据结构可用一张规范的二维表来表示。关系数据结构中涉及以下概念:

①属性:给关系中每个 $D_i(i=1,2,3,\ldots,n)$ 赋予一个有意义的名字,把这个名字称为属性,即表中的列。

②域:属性的取值范围,不同的属性的域可以相同,也可以不同。

③候选码:关系中的某个属性组的值能唯一标识一个元组,且不包含更多属性,则称该属性为候选码。在最简单的情况下,候选码只包含一种属性。在最极端的情况下,候选码包含所有属性,称为全码。

④主码:关系中有多个候选码,则选定其中一个为主码。

⑤外码:关系中某个属性组是其他关系的主码,则称该属性组为外码。

⑥关系模式:一般表示为关系名(属性 1,属性 2,…,属性 n)。

3.1.3 关系操作

关系数据模型中常用的关系操作包括查询操作和更新操作两大部分。其中查询操作是关系数据库的一个主要功能。更新操作又包括插入操作、删除操作和修改操作。早期用来描述查询操作的功能有关系代数和关系演算两种表示方式。

关系代数和关系演算分别使用关系运算和谓词运算来描述查询功能,它们都是抽象的查询语言,且具有完全相同的查询描述能力。虽然抽象的关系代数和关系演算语言与具体关系数据库中实现的实际语言并不完全一致,但它们是评估实际系统中查询能力的标准或基础。

另外还有一种介于关系代数和关系演算之前的语言——SQL (Structural Query Language)。SQL 不仅具有丰富的查询功能,还具有数据定义和数据控制的功能。它是集查询、DDL、DML 和 DCL 于一体的关系数据语言,充分体现了关系数据语言的特点和优点,是关系数据库的标准查询语言。

关系数据库语言分类,如图 3.1 所示。

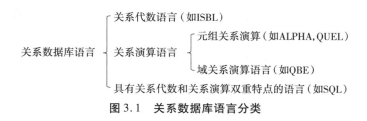

图 3.1　关系数据库语言分类

3.1.4　关系模型的完整性

关系模型的完整性规则是用来约束关系的,以确保数据库中数据的正确性和一致性。关系模型的完整性共有实体完整性、参照完整性和用户定义完整性 3 类。数据完整性由实体完整性和参照完整性规则来维护。实体完整性和参照完整性是关系模型必须满足的完整性约束条件。

1)实体完整性

实体完整性规则:若属性 A 是基本关系 R 的主属性,则属性 A 不能取空值。基本关系的所有主关键字对应的主属性都不能取空值,例如,学生选课的关系选课(学号、课程号、成绩)中,学号和课程号共同组成为主关键字,则学号和课程号两个属性都不能为空。因为没有学号的成绩或没有课程号的成绩都是不存在的。

实体完整性指表中行的完整性。要求表中的所有行都有唯一的标识符,称为主关键字。主关键字是否可以修改,或整个列是否可以被删除,取决于主关键字与其他表之间要求的完整性。

2)参照完整性

参照完整性规则:若属性(或属性组)F 是基本关系 R 的外码,它与基本关系 S 的主码 Ks 相对应,则对于 R 中每个元组在 F 上的值必须为:或者为空(F 中每个属性均为空),或者等于 S 中某个元组的主码值。例如,在学生选课关系中,学号是学生表主键,课号是课程表主键,学号和课号共同组成选课表的主键,这都是实体完整性约束。而选课表中,单独一个学号是外键、参照学生表学号,单独一个课号是外键、参照课程表课号,这都是参照完整性约束。若课号的值只有 1,当你在选课表里取课号为 1 以外的值时就会出错,违反了参照完整性。

现实世界中实体之间往往存在某种联系,在关系模型中实体及实体间的联系都是用关系来描述,这样就自然存在着关系与关系间的引用,一个参照完整性将两个表中相应的元组联系起来。

3)用户自定义完整性

实体完整性和参照完整性用于任何关系数据库系统。用户定义的完整性则是针对某一具体数据库的约束条件,由应用环境决定,它反映了某一具体应用所涉及的数据必须满足的语义要求。例如,年龄的取值用户定义在 28～55 岁。关系模型应提供定义和检验这类完整性机制,以便用统一的方法处理它们而不要由应用程序来承担这一功能。

在实际系统中,这类完整性规则一般在建立库表的同时定义,应用编程人员无须再做考虑。如果某些约束条件没有建立库表一级,则应用编程人员应在各模块的具体编程中通过程序进行检验和控制。

3.2　概念模型向关系模型的转换

概念模型向关系模型的转换需要将实体和实体间的联系转换为关系模式,并确定这些关系模式的属性和码。

关系模型的逻辑结构是一组关系模式的集合。E-R 概念模型是由实体型、实体的属性和实体型之间的联系 3 个要素组成的。所以将 E-R 概念模型转换为关系模型,实际上就是将实体、实体的属性和实体之间的联系转换为关系模式,这种转换一般遵循以下 6 条原则。

①一个实体型转换为一个关系模式,实体的属性就是关系的属性,实体的码就是关系的码(用属性加下画线表示)。

②一个 1∶1 联系可以转换为一个独立的关系模式,也可以与任意一端对应的关系模式合并。如果转换为一个独立的关系模式,则与该联系相连的各实体的码以及联系本身的属性均转换为关系的属性,每个实体的码均是该关系的候选码。如果与某一端实体对应的关系模式合并,则需要在该关系模式的属性中加入另一个关系模式的码和联系本身的属性。

③一个 1∶n 联系可以转换为一个独立的关系模式,也可以与 n 端对应的关系模式合并。如果转换为一个独立的关系模式,则与该联系相连的各实体的码以及联系本身的属性均转换为关系的属性,而关系的码为 n 端实体的码。

④一个 m∶n 联系转换为一个关系模式。与该联系相连的各实体的码以及联系本身的属性均转换为关系的属性,而关系的码为各实体的码的组合。

⑤3 个或 3 个以上实体间的一个多元联系可以转换为一个关系模式。与该多元联系相连的各实体的码以及联系本身的属性均转换为关系的属性,各实体的码是组成关系的码或关系码的一部分。

⑥具有相同码的关系模式可以合并。

【例 3.1】　学生管理系统的 E-R 概念模型向关系模型转换,如图 3.2 所示。按照上述规则,转换结果可以有多种,其中的一种如下:

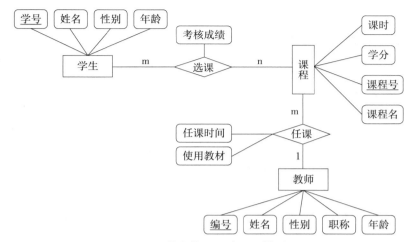

图 3.2　学生管理系统 E-R 模型图

转化为以下关系模式：

学生(学号,姓名,性别,年龄)

教师(编号,姓名,性别,年龄,职称,任课时间,使用教材)

课程(课程号,课程名,课时,学分)

选课(课程号,学号,考核成绩)

3.3　数据的函数依赖

函数依赖是最重要的一种数据依赖,在对关系进行规范化处理的过程中,主要使用函数依赖来分析关系中存在的数据依赖的特点。

(1)函数依赖

设一个关系为 $R(U)$,X 和 Y 为属性集 U 上的子集,若对 X 上的每个值都有 Y 上的一个唯一值与之对应,则称 X 和 Y 具有函数依赖关系,并称 X 函数决定 Y,或称 Y 函数依赖于 X,记作 $X \rightarrow Y$。

①称 X 为这个函数依赖的决定因素。

②$X \rightarrow Y$,但是 $Y \subseteq X$ 则称 $X \rightarrow Y$ 是平凡的函数依赖。

③$X \rightarrow Y$,但是 $Y \nsubseteq X$ 则称 $X \rightarrow Y$ 是非平凡的函数依赖。

例如,在教学管理关系中,学生表(学号,姓名,年龄,性别,系名)对每一个"学号"都有一个唯一的"学生姓名"与之对应,称"学号"函数决定"学生姓名",而"学生姓名"函数依赖于"学号";反过来,因为可能存在学生姓名重名的现实,所以,"学生姓名"不能决定

"学号"。

（2）部分函数依赖与完全函数依赖

在关系模式 R(U)中,如果 X→Y,则对 X 中的任一真子集 X′都存在 X′↛Y,则称 Y 对 X 完全函数依赖,记作 X $\xrightarrow{F}$ Y;若 X→Y,但 Y 不完全函数依赖于 X,则称 Y 对 X 部分函数依赖,记作 X $\xrightarrow{P}$ Y。

例如,在教学管理关系中,成绩表(课程号,学号,成绩),属性"成绩"函数依赖于属性"学号"与"课程号"的组合,并且是完全依赖于这个属性组合,其中任何一项属性都不能独立决定"成绩"这个属性,这就是完全函数依赖。选课表(学号,教师编号,课程号),"课程名"依赖于"课程号",并不是完全依赖于这个组合,则它们之间是部分函数依赖。

（3）传递函数依赖

在关系模式 R(U)中,设 X,Y,Z 是关系 R 中互不相同的属性集合,存在 X→Y(Y! → X),Y→Z,则称 Z 传递函数依赖于 X。

例如,在教学管理关系中,若有 U(学号,姓名,年龄,班号,班长),则属性"班级号"依赖于属性"学号","班长"依赖于"班号",则"班长"传递依赖于"学号"。

3.4 关系数据库模式的规范化

数据模型优化的指导方针是规范化,规范化的过程是以关系范式的思想来消除关系中的数据冗余,消除数据依赖中的不合适的部分,以解决数据插入、数据更新、数据删除操作中的异常。

在关系模式分解中,函数依赖起着非常重要的作用,那么分解后模式的好坏用什么标准衡量呢？这个标准就是模式的范式。

不同的范式对关系中的各属性间的联系提出了不同级别的要求,根据要求的高低,分为第一范式(1NF)、第二范式(2NF)、第三范式(3NF)、BCNF 范式、第四范式和第五范式。其中高级别的范式包含在低级别的范式中。

3.4.1 第一范式

如果某个关系的所有属性都是简单属性,即每个属性都是不可再分的,包括整型、字符型、逻辑型等,则称该关系属于第一范式,简称 1NF。

满足第一范式关系中的属性不能是集合属性,见表 3.1,由于学时数是由课时数和实验学时数组成的集合属性,所以非第一范式的关系;而表3.2中的每个属性都是原子属性,所以是第一范式的关系。

表3.1　课程计划（非第一范式）

课程名	学时数	
		实　践
数据库技术及应用		32
数据结构	32	32

表3.2　课程计划（第一范式）

课程名	理论学时	实践学时
数据库技术及应用	32	32
数据结构	32	32

【例3.2】　有学生表(学号,学生姓名,年龄,性别,课程编号,课程名称,课程学分,系名,成绩,系办地址,系办电话)。由于该关系中,存在完全函数依赖、部分函数依赖和传递函数依赖,则关系中的数据必然会出现重复存储。数据冗余会引起以下问题:

①更新异常。如对关系中数据更新时,只更新了部分数据而另一部分数据没有更新,会造成数据的不一致性。

②插入异常。如学生没有成绩,但成绩不能为空时,由实体完整性可知,该学生无法插入关系中,从而出现插入异常。

③删除异常。如果有一名学生退学,删除该学生时会连同其他信息一起删除,从而出现删除异常。

解决上述问题时就必须设法消除关系中存在的部分函数依赖和传递函数依赖。

3.4.2　第二范式

第二范式(2NF)是在第一范式(1NF)的基础上建立起来的,即满足第二范式必须先满足第一范式。第二范式要求数据库表中的每个实例或行必须可以被唯一地区分。为实现区分通常需要为表加上一个列,以存储各个实例的唯一标识。

第二范式要求实体的属性完全依赖于主关键字。所谓完全依赖是指不能存在仅依赖主关键字一部分的属性,如果存在,那么这个属性和主关键字的这一部分应该分离出来形成一个新的实体,新实体与原实体之间是一对多的关系。为实现区分通常需要为表加上一个列,以存储各个实例的唯一标识。简而言之,第二范式就是属性完全依赖于主键。

对例 3.2 中的学生信息进行讨论,发现以上关系中存在如下函数依赖:(学号,课程名称)→(姓名,年龄,成绩,学分)。姓名和年龄不依于课程,即不完全依赖于主属性,因此不满足第二范式的要求,会产生如下问题:

1)数据冗余

同一门课程由 n 个学生选修,"学分"就重复 n-1 次;同一个学生选修了 m 门课程,姓名和年龄就重复了 m-1 次。

2)更新异常

①若调整了某门课程的学分,数据表中所有行的"学分"值都要更新,否则会出现同一门课程学分不同的情况。

②假设要开设一门新的课程,暂时还没有人选修。这样,由于还没有"学号"关键字,课程名称和学分也无法记录入数据库。

3)删除异常

假设一批学生已经完成课程的选修,这些选修记录就应该从数据库表中删除。与此同时,课程名称和学分信息也被删除了。很显然,这也会导致插入异常。

因此,为了解决以上问题,把学生表改为以下 3 个表:

学生:Student(学号,姓名,年龄,性别,系名,系办地址,系办电话)。

课程:Course(课程编号,课程名称,学分)。

选课关系:SelectCourse(学号,课程编号,课程名称,成绩)。

3.4.3　第三范式

如果关系模式 R 属于第二范式,并且 R 中的每一个非主属性都不传递依赖于 R 的某个候选关键字,则称 R 为第三范式,简称 3NF。

满足第三范式必须先满足第二范式。简而言之,第三范式要求一个数据库表中不包含在其他表中已包含的非主关键字信息。

例 3.2 中,学生表 Student(学号,姓名,年龄,性别,系名,系办地址,系办电话),关键字为单一关键字"学号",因为存在以下决定关系:

(学号)→(姓名,年龄,性别,系名,系办地址,系办电话)

但是还存在下列决定关系:

(学号)→(系名)→(系办地址,系办电话)

即存在非关键字段"系办地址""系办电话"对关键字段"学号"的传递函数依赖。

它也会存在数据冗余、更新异常、插入异常和删除异常的情况。

根据第三范式把学生关系表分为以下两个表即可满足第三范式:

学生:(学号,姓名,年龄,性别,系名)。

系别:(系名,系办地址,系办电话)。

上面的数据库表就是符合第一、第二、第三范式的,消除了数据冗余、更新异常、插入异常和删除异常。

3.4.4　BCNF 范式

如果关系 R 属于第三范式,并且不存在主属性与候选关键字之间的传递或部分函数依赖关系,则称 R 属性属于 BC 范式。

【例 3.3】　若一个学生选修多门课程,一个教师只教一门课程,但同一门课程可由几个教师担任。即关系 R(学号,课程号,教师号)。从该关系中可以看出,候选键为⌈学号,教师号⌋或者⌈学号,课程号⌋。因此,该关系的所有属性都是主属性,不存在非主属性。即 SCT 属于 3NF。根据数据的语义,如果选⌈学号,教师号⌋作为候选键,则 SCT 上的函数依赖集为 F=⌈⌈学号,教师号⌋→课程号,教师号→课程号⌋。由部分函数依赖可知,SCT 上存在主属性课程对候选键的部分函数依赖,因此,SCT 不属于 BCNF。

如果将 SCT 分解为⌈学号,教师号⌋与⌈教师号,课程号⌋,则没有任何属性对候选键的部分函数依赖和传递函数依赖,故⌈学号,教师号⌋属于 BCNF,⌈教师号,课程号⌋属于 BCNF。

根据以上讨论可知,BCNF 的关系模式具有以下性质:
①所有非主属性都完全函数依赖于每个候选键。
②所有主属性都完全函数依赖于每个不包含它的候选键。
③没有任何属性完全函数依赖于非候选键的任何一组属性。
3NF 与 BCNF 的关系如下:
①如果关系模式 R 属于 BCNF,则必定有 R 必属于 NCNF。
②如果 R 属于 3NF,且 R 只有一个候选键,则 R 必属于 BCNF。
通常,关系分解到 3NF 即可,因为 3NF 有一个优点是总可以满足无损连接并保持函数依赖的前提下得到 3NF 设计。

3.5　数据字典

前面对数据的数据项、数据结构、数据流、数据存储、处理逻辑、外部实体等进行了定义和描述。下面详细介绍系统数据视图设计、数据库触发器设计、数据库端过程/函数设计。

（1）系统数据视图设计（表3.3和表3.4）

表3.3　视图 v_student_male 设计

序　号	1	视图名	v_student_male		中文名	男生信息
视图说明			显示所有男生的基本信息			
序　号	字段名		中文名	类　型	源　表	源字段
1	s_no		学号	char(6)	students	s_no
2	s_name		姓名	char(6)	students	s_name
3	sex		性别	char(2)	students	sex
4	birthday		出生日期	date	students	birthday
5	d_no		学院编号	char(6)	students	d_no
6	address		家庭地址	varchar(20)	students	address
7	phone		电话	varchar(20)	students	phone
8	photo		照片	blob	students	photo

表3.4　视图 v_students_male_report 设计

序　号	2	视图名	v_students_male_report	中文名	男生成绩信息
视图说明			显示课程成绩达到80分的男生成绩信息		
序　号	字段名	中文名	类　型	源　表	源字段
1	s_no	学号	char(6)	v_students_male	s_no
2	s_name	姓名	char(6)	v_students_male	s_name
3	sex	性别	char(2)	v_students_male	sex
4	c_no	课程号	char(4)	score	c_no
5	report	成绩	float(5,1)	score	report

（2）数据库触发器设计（表3.5和表3.6）

表3.5　触发器 tr_student_ins 设计

序　号	1	触发器	tr_student_ins	数据表名	students
触发器用途		实现当向学生表 students 中插入一条新记录后,同时在学生总学分表 credit 中插入该学生的总学分记录,学分值为0			
触发条件		AFTER INSERT			
触发内容		INSERT INTO credit VALUES(new.s_no,0);			

表 3.6 触发器 tr_cno_upd 设计

序 号	2	触发器	tr_cno_upd	数据表名	course
触发器用途	当更改表 course 中某门课的课程号时,同时将 score 表该课程号全部更新				
触发条件	AFTER UPDATE				
触发内容	UPDATE score SET c_no=new. c_no WHERE c_no=old. c_no;				

(3)数据库端过程/函数设计(表 3.7 和表 3.8)

表 3.7 存储过程 DELETE_STU 设计

序 号	1	过程/函数名称	DELETE_STU	类 型	过 程
过程用途	实现通过一个指定的学号删除一个特定的学生信息				
过程定义	DELETE FROM students WHERE s_no=XH;				
输入参数	XH				
输出参数					

表 3.8 存储过程 num_from_student 设计

序 号	2	过程/函数名称	num_from_student	类 型	过 程
过程用途	实现输入一个日期,输出一个出生日期为这一天的学生的人数				
过程定义	SELECT COUNT(1) INTO count_num FROM student WHERE sbirthday=_birth;				
输入参数	_birth				
输出参数					

本章小结

本章主要对逻辑设计作了详细介绍。要求掌握概念模型向关系模型的转换、函数依赖和三范式。

课后习题

1. 工厂生产的每种产品由不同的零件组成,有的零件可用于不同的产品。这些零件由不同的原材料制成,不同的零件所用的材料可以相同。一个仓库存放多种产品,一种产品存放在一个仓库中。零件按所属的不同产品分别放在仓库中,原材料按照类别放在若干仓库中(不存在跨仓库存放)。请用 E-R 图画出题中关于产品、零件、材料、仓库的概念模型。注明联系类型,再将 E-R 模型转换为关系模型。

2. 一个图书馆管理系统中有以下信息。

图书:书号、书名、数量、位置。

借书人:借书证号、姓名、单位。

出版社:出版社名、邮编、地址、电话、E-mail。

其中约定:任何人可以借多种书,任何一种书可以被多个人借阅,借书和还书时,要登记相应的借书日期和还书日期;一个出版社可以出版多种书籍,同一本书仅在一个出版社出版,出版社名具有唯一性。

根据以上情况,完成以下设计:

(1)设计系统的 E-R 图;

(2)将 E-R 图转换为关系模式;

(3)指出转换后的每个关系模式的关系键。

3. 假定一个部门的数据库包括以下信息。

职工的信息:职工号、姓名、住址、所在部门。

部门的信息:部门所有职工、经理、销售的产品。

产品的信息:产品名称、制造商、价格、型号、产品内部编号。

制造商的信息:制造商名称、地址、生产的产品名、价格。

完成以下设计:

(1)设计该计算机管理系统的 E-R 图;

(2)将该 E-R 图转换为关系模型结构;

(3)指出转换结果中每个关系模式的候选码。

第4章 数据库设计工具

PowerDesigner 是一种著名的 CASE 建模工具,最开始为数据库建模设计,即物理数据模型(Physical Data Model)用于生成数据库表结构,还有面向对象模型(Object Oriented Model),用于建立 UML 模型的结构,可以直接生成 CS 代码,还有其他模型,不同的模型之间可以相互转化。

学习目标:

- 了解数据库设计工具 PowerDesigner;
- 会使用设计工具建模。

4.1 PowerDesigner 概述

4.1.1 PowerDesigner 简介

PowerDesigner 是 Sybase 公司的 CASE 工具集,是图形化、易于使用的企业建模环境。使用它可以方便地对管理信息系统进行分析设计,它几乎包括了数据库模型设计的全过程。利用 PowerDesigner 可以制作数据流程图、概念数据模型、物理数据模型,可以生成多种客户端开发工具的应用程序,还可为数据仓库制作结构模型,也能对团队设计模型进行控制。它可与许多流行的数据库设计软件,如与 Oracle,SQL,PowerBuilder 等配合使用来缩短开发时间和使系统设计更优化。

4.1.2 PowerDesigner 的几种建模文件

(1)概念数据模型(CDM)

对数据和信息进行建模,利用实体关系图(E-R 图)的形式组织数据,检验数据设计的有效性和合理性。与具体的数据管理系统(Database Management System，DBMS)无关。概念数据模型必须换成逻辑数据模型，才能在 DBMS 中实现。

概念数据模型，主要在系统开发的数据库设计阶段使用，是按用户的观点来对数据和信息进行建模，利用实体关系图(E-R 图)来实现。它描述系统中的各个实体以及实体之间的关系，是系统特性的静态描述。

概念数据模型的主要功能：以图形化(E-R 图)的形式组织数据；检验数据设计的有效性和合理性；生成逻辑数据模型；生成物理数据模型；生成面向对象的数据模型；生成可定制的模型报告。

(2)逻辑数据模型(LDM)

该模型是 PowerDesigner 15 新增的模型。逻辑模型是概念模型的延伸，表示概念之间的逻辑次序，是一个属于方法层次的模型。具体来说，逻辑模型中一方面显示了实体、实体的属性和实体之间的关系，另一方面又将继承、实体关系中的引用等在实体的属性中进行展示。逻辑模型介于概念模型和物理模型之间，具有物理模型方面的特性，在概念模型中的多对多关系，在逻辑模型中将会以增加中间实体的一对多关系的方式来实现。

逻辑模型主要是使得整个概念模型更易于理解，同时又不依赖于具体的数据库实现，使用逻辑模型可以生成针对具体数据库管理系统的物理模型。逻辑模型并不是在整个步骤中必需的，可以直接通过概念模型来生成物理模型。

(3)物理数据模型(PDM)

基于特定 DBMS(数据库系统)，在概念数据模型、逻辑数据模型的基础上进行设计。由物理数据模型生成数据库，或对数据库进行逆向工程得到物理数据模型。

每一种逻辑数据模型在实现时都有其对应的物理数据模型。DBMS 为了保证其独立性与可移植性，大部分物理数据模型的实现工作由系统自动完成，而设计者只设计索引、聚集等特殊结构。最常用的一种数据库模型是针对某种数据库系统而设计的。

PDM 提供了系统初始设计所需的基础元素以及相关元素之间的关系，但在数据库的物理设计阶段必须进行详细的后台设计，包括数据存储过程、触发器、视图和索引等。

物理数据模型的主要功能：可以将数据库的物理设计结果从一种数据库迁移到另一种数据库；可以利用逆向工程把已经存在的数据库物理结构重新生成物理模型或概念模型；可以生成可定制的模型报告；可以转换为面向对象模型(OOM)。

完成多种数据库的详细物理设计。生成各种 DBMS(Oracle，Sybase，MySQL 30 多种数据库)的物理模型，并生成数据库对象(如表、主键、视图等)。

(4)面向对象模型(OOM)

面向对象模型是利用 UML(统一建模语言)的图形来描述系统结构的模型，它从不同角度表现系统的工作状态。OOM 包含 UML 常见的所有图形：类图、对象图、包图、用例图、时序图、协作图、交互图、活动图、状态图、组件图、复合结构图、部署图(配置图)。OOM 本质上是软件系统的一个静态的概念模型。

面向对象模型的主要功能：利用统一建模语言 UML 的用例图(Use Case Diagram)、时序图(Sequence Diagram)、类图(Class Diagram)、构件图(Component Diagram)和活动图(Activity Diagram)来建立面向对象模型,从而完成系统的分析和设计;利用类图生成不同语言的源文件(如 Java,XML 等),或利用逆向工程将不同类型的源文件转换成相应的类图;利用逆向工程将面向对象模型生成概念数据模型和物理数据模型。

模型文档编辑器,将各种模型生成相关的 RTF 或 HTML 格式的文档,通过这些文档可以了解各个模型中的相关信息。

(5)**业务程序模型**(BPM)

BPM 描述业务的各种不同内在任务和内在流程(工作流),而且客户如何以这些任务和流程互相影响。BPM 是从业务合伙人的观点来看业务逻辑和规则的概念模型,使用一个图表描述程序、流程、信息和合作协议之间的交互作用。

BPM 主要在需求分析阶段使用,是从业务人员的角度对业务逻辑和规则进行详细描述,并使用流程图表示从一个和多个起点到终点间的处理过程、流程、消息和协作协议。需求分析阶段的主要任务是厘清系统的功能,所以系统分析员与用户交流后,应得出系统的逻辑模型,BPM 就是为达到这个目的而设计的。

(6)**信息流模型**(ILM)

ILM 是一个高层的信息流模型,主要用于分布式数据库之间的数据复制。

(7)**企业架构模型**(EAM)

EAM 从业务层、应用层和技术层对企业的体系架构进行全方位的描述。该模型包括组织结构图、业务通信图、进程图、城市规划图、应用架构图、面向服务图及技术基础框架图。

4.2　PowerDesigner 安装步骤

在安装前,先在官网上下载 PowerDesigner 安装文件,然后按照以下步骤进行安装:

①双击运行 PowerDesigner 16.5_Evaluation. exe,进入安装界面,如图 4.1 所示,单击"Next"按钮。

图 4.1　安装界面

②选择语言版本,PRC 为中文版,如图 4.2 所示。

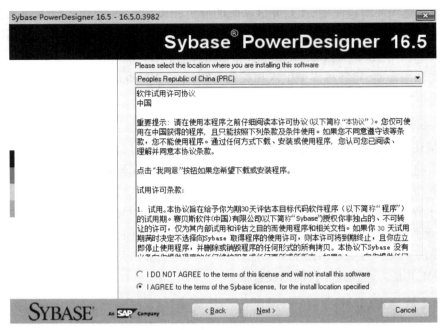

图 4.2　选择语言版本

③选择安装路径,如图 4.3 所示。

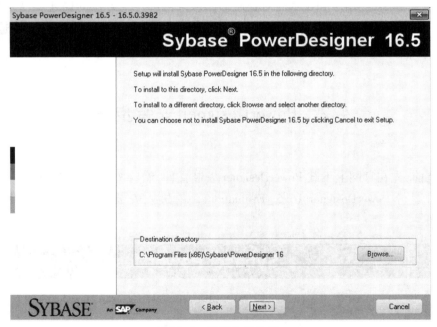

图 4.3　选择安装路径

④选择插件,这里可根据需要进行挑选,没必要全选,如图 4.4 所示。

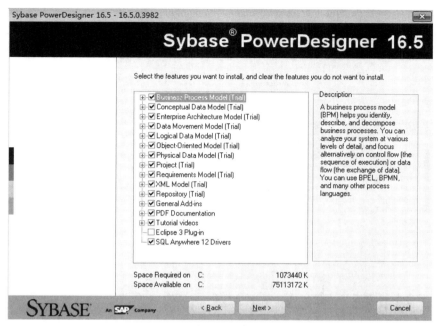

图 4.4　选择插件

⑤添加属性文件,如图 4.5 所示。

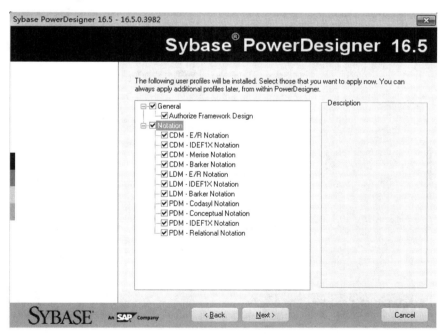

图 4.5　添加属性文件

⑥选择开始菜单的显示名称,如图4.6所示。

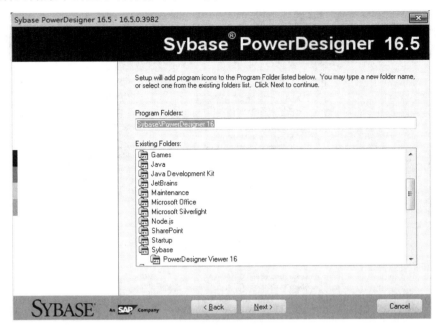

图4.6 选择开始菜单的显示名称

⑦选择"Next"按钮,如图4.7所示。

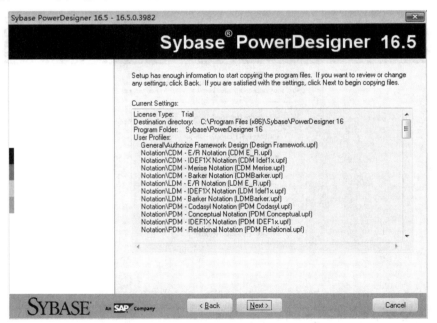

图4.7 选择"Next"

⑧安装中,等待数分钟,如图4.8 所示。

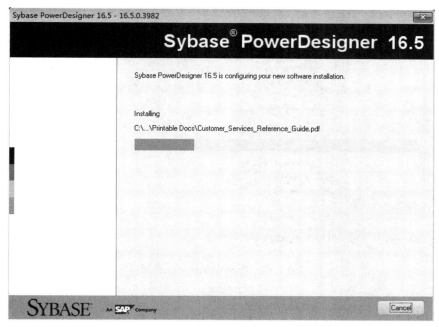

图4.8 安装中

⑨安装成功,如图4.9 所示。

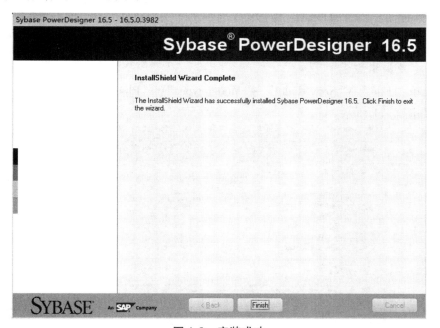

图4.9 安装成功

PowerDesigner 安装成功后,打开程序会出现如图 4.10 所示的界面。

图 4.10　PowerDesigner 主界面

4.3　PowerDesigner 常用工作介绍

（1）创建数据模型

选择菜单："File"→"New Model"→"Model types"→"Physical Data Model"→"Physical Diagram",如图 4.11 所示。

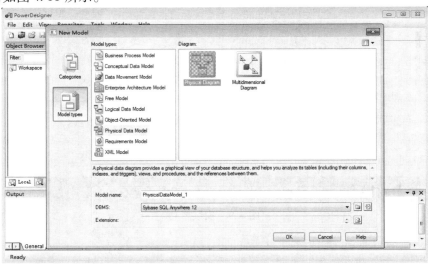

图 4.11　创建数据模型

创建数据模型后,Workspace 项显示结果如图 4.12 所示。

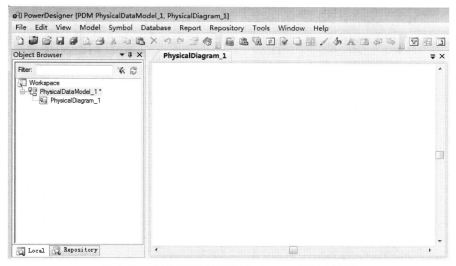

图 4.12　创建数据模型后,Workspace 项显示结果

(2)创建表

在新建的模型上点鼠标右键,选择"New"→"Table",如图 4.13 所示。

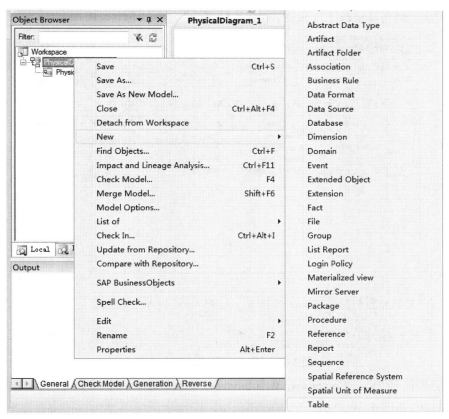

图 4.13　创建表

单击创建表后如图 4.14 所示,调整参数配置,修改表名。

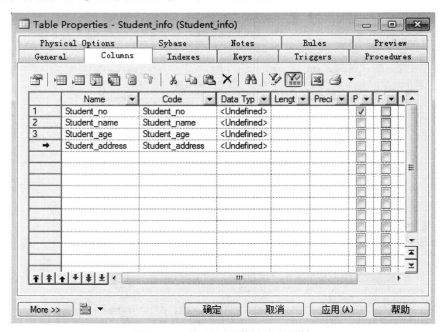

图 4.14　调整参数配置,修改表名

在表中增、删列及修改字段属性,如图 4.15 所示。

图 4.15　增、删列及修改字段属性

创建完表回到 Table Properties,单击 Indexes,选择左边第一个框 Properties,单击后进入
索引设置页面,如图 4.16 所示。

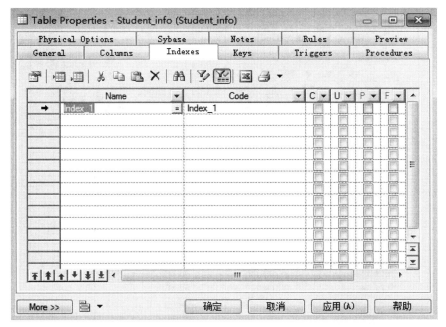

图 4.16　创建索引 1

单击"确定"按钮后,出现如图 4.17 所示的创建索引界面。

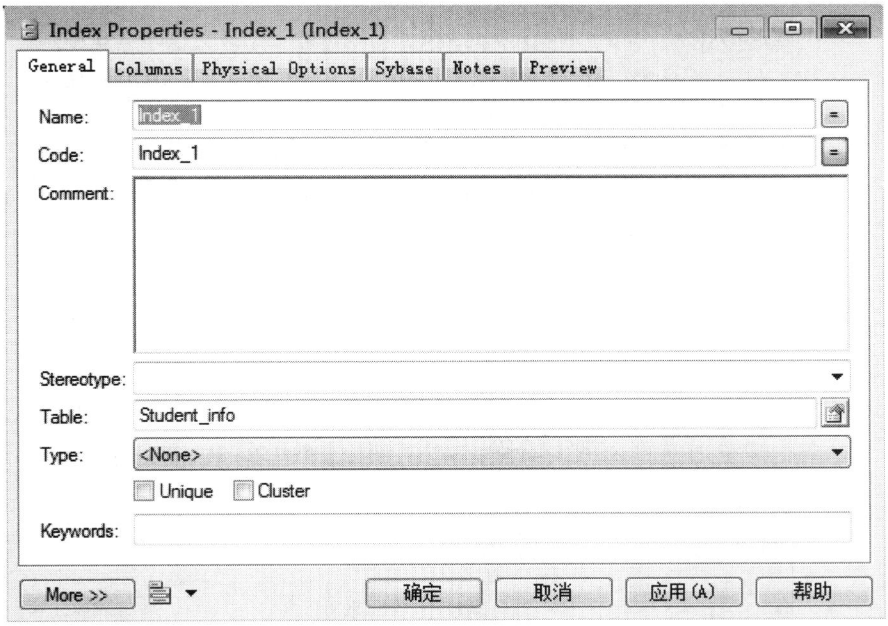

图 4.17　创建索引 2

添加索引字段成员,如图 4.18 所示。

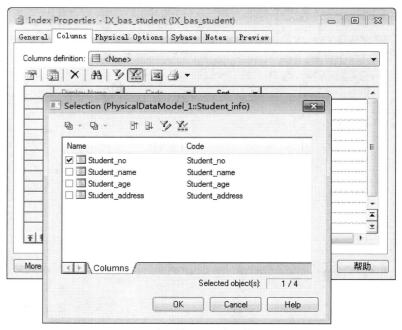

图 4.18　添加索引字段成员

保存 SQL 脚本的方法,如图 4.19 所示。

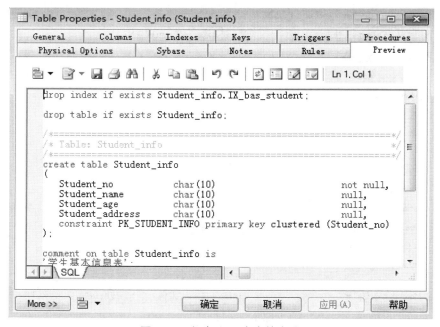

图 4.19　保存 SQL 脚本的方法

(3)建表模板脚本修改

选择菜单"Database"→"Edit Current DBMS",如图 4.20 所示。

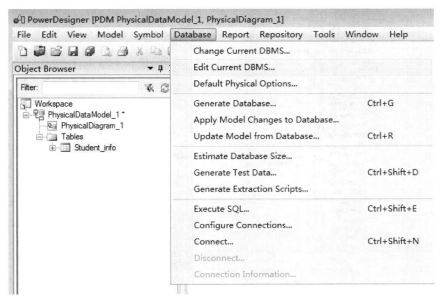

图 4.20　建表模板脚本修改

1）修改 Table 模板脚本

选择菜单"General"→"Script"→"Objects"→"Table"→"TableComment"→"Value"，修改 Table 模板脚本，如图 4.21 所示。

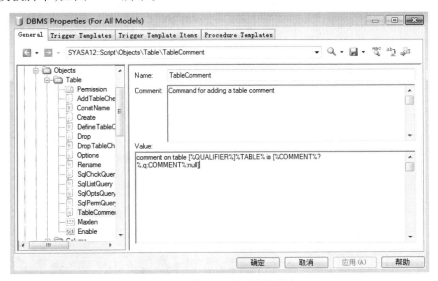

图 4.21　修改 Table 模板脚本

2）修改 Column 模板脚本

选择菜单"General"→"Script"→"Objects"→"Table"→"TableComment"→"Value"，修改 Column 模板脚本，如图 4.22 所示。

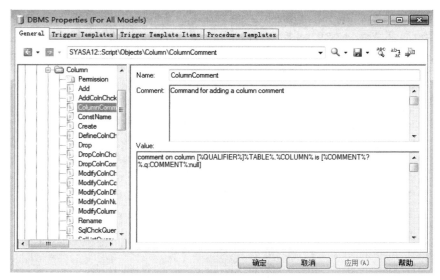

图 4.22　修改 Column 模板脚本

(4)生成数据字典报告

选择菜单"Report"→"Report Creation Wizard"生成数据字典报告,如图 4.23 所示。

图 4.23　生成数据字典报告

单击"下一步",选择要生成的数据字典类型,如图 4.24 所示。

图 4.24　选择要生成的数据字典类型

其他的默认，直接单击"完成"，完成后的视图 4.25 所示。

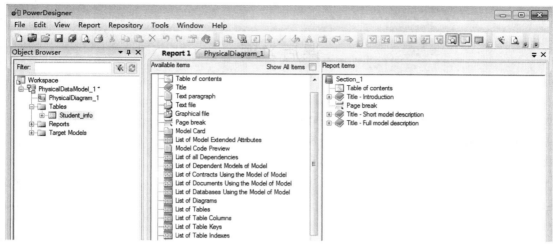

图 4.25　完成后的视图

PowerDesigner 除了能实现以上操作外，还可以设置字典要显示的表结构的相关属性，设置字典中表结构的字段要显示的属性，这里不再赘述。最后，选择菜单"Report"→"Generate HTML"，生成数据字典报告，如图 4.26 所示。

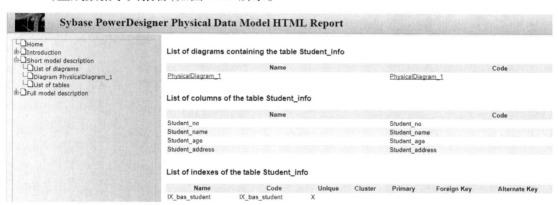

图 4.26　生成数据字典报告

本章小结

本章主要介绍了数据库设计工具 PowerDesigner，讲述了 PowerDesigner 概述、PowerDesigner 安装步骤和 PowerDesigner 常用工作 3 个方面的内容。

课后习题

1. 使用 PowerDesigner 物理模型生成数据库。
2. 使用 PowerDesigner 的 Domain 自定义列类型。
3. 使用 PowerDesigner 的 Reverse 反向工程生成模型。

模块二　数据库实施

数据库实施内容(如下图所示)主要包括:

①用 DDL 定义数据库结构。确定了数据库的逻辑结构和物理结构后,就可以用所选用的 DBMS 提供的 DDL 来严格描述数据库结构。

②组织数据入库。数据库建立好后,就可以向数据库中转载数据了。组织数据入库,是数据库实施中最主要的工作之一。

③编制与调试应用程序。当数据库结构建立好后,就可以开始编制和调制数据库的应用程序。该过程可以先使用模拟数据。

④数据库试运行。应用程序调试完成,且已有一小部分数据入库后,就可以开始数据库的试运行。

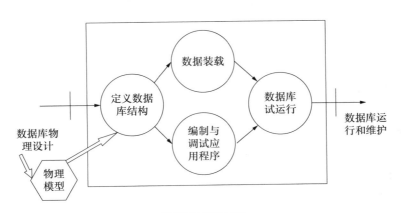

数据库实施内容

第5章　关系型数据库体系结构

考查数据库系统结构可以有多种不同的层次和不同的角度。本章主要讲关系型数据库体系结构,涉及一些基本的概念,这也是学习数据库的基础和纲要。

学习目标:

- 理解数据库的基本概念;
- 了解数据库新技术;
- 掌握数据库三级模式和两级映像;
- 了解数据库体系结构。

5.1　数据库的基本概念

5.1.1　基本概念

(1)**数据**

数据(Data)是数据库中存储的基本单元,是一种描述事物的符号。例如,数字、文字、图像、视频等信息,都可以称为数据。

(2)**数据库**

数据库(Data Base,DB)是长期存储在计算机内、有组织的、可共享的、统一管理的相关数据的集合。

(3)**数据库管理系统**

数据库管理系统(Data Base Management System,DBMS)是位于用户应用程序与操作系统之间的一层数据管理软件,是数据库系统的核心组成部分。它为用户或应用程序提供访问数据库的方法,包括数据库的建立、查询、更新以及各种数据控制。数据库管理系统是为了科学地组织和存储数据、高效地获取和维护数据。

DBMS 工作模式(图 5.1):首先,DBMS 接收应用程序的数据请求和处理请求。然后,将用户的数据请求(高级语言/指令)转换成复杂的机器代码(底层指令),实现对数据库的操作(底层指令),从对数据库的操作中接受查询结果,对查询结果进行处理(格式转换)。最后,将处理结果返回给应用程序。

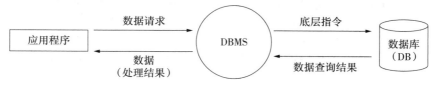

图 5.1　DBMS 工作模式

DBMS 的主要功能有数据定义功能,数据组织、存储和管理,数据操纵功能,数据库的事务管理和运行管理,数据库的建立和维护功能。

(4)数据库系统

数据库系统(Data Base System,DBS)是指在计算机系统中引入数据库后的系统构成。数据库系统一般由数据库、硬件(存储设备)、应用软件(包含 DBMS)和数据库管理员(DBA)4 个部分组成。

(5)数据库管理员

顾名思义,数据库管理员是对数据库原理很熟悉的人,同时又要熟悉数据库管理系统。

5.1.2　数据库新技术

随着计算机应用领域的不断拓展和多媒体技术的发展,数据库已是计算机科学技术中发展最快、应用最广泛的重要分支之一,数据库技术的研究也取得了重大突破,它已成为计算机信息系统和计算机应用系统的重要技术基础和支柱。从 20 世纪 60 年代末开始,数据库系统已从第一代层次数据库、网状数据库,第二代关系数据库系统,发展到第三代以面向对象模型为主要特征的数据库系统(图 5.2)。关系数据库理论和技术在 20 世纪 70—80 年代得到长足的发展和广泛而有效的应用,80 年代,关系数据库成为应用的主流,几乎所有新推出的数据库管理系统产品都是关系型的,它在计算机数据管理的发展史上是一个重要的里程碑,这种数据库具有数据结构化、最低余度、较高的程序与数据独立性、易于扩充、易于编制应用程序等优点。目前较大的信息系统都是建立在关系数据库系统理论设计之上的。

然而,随着用户应用需求的提高、硬件技术的发展和 Internet/Intranet 提供的丰富多彩的多媒体交流方式,促进了数据库技术与网络通信技术、人工智能技术、面向对象程序设计技术、并行计算技术等相互渗透,互相结合,成为当前数据库技术发展的主要特征,形成了数据库新技术。

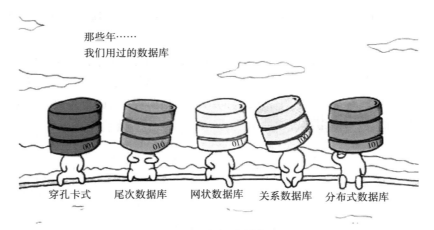

那些年……
我们用过的数据库

穿孔卡式　　尾次数据库　　网状数据库　　关系数据库　　分布式数据库

图 5.2　数据库的发展

数据库技术与多学科技术的有机结合、各种学科技术与数据库技术的有机结合,从而使数据库领域中新内容、新应用、新技术层出不穷,形成了各种新型的数据库系统。

(1)新型数据库系统

1)面向对象数据库系统

面向对象数据库系统是面向对象的程序设计技术与数据库技术相结合的产物。面向对象数据库系统的主要特点是具有面向对象技术的封装性和继承性,提高了软件的可重用性。

面向对象程序语言操纵的是对象,所以面向对象数据库(Oriented Object Database,OODB)的一个优势是面向对象语言程序员在做程序时,可直接以对象的形式存储数据。对象数据模型有以下特点:

①使用对象数据模型将客观世界按语义组织成由各个相互关联的对象单元组成的复杂系统。对象可以定义为对象的属性和对象的行为描述,对象间的关系分为直接关系和间接关系。

②语义上相似的对象被组织成类,类是对象的集合,对象只是类的一个实例,通过创建类的实例实现对象的访问和操作。

③对象数据模型具有"封装""继承""多态"等基本概念。

④方法实现类似于关系数据库中的存储过程,但存储过程并不和特定对象相关联,方法实现是类的一部分。

⑤实际应用中,面向对象数据库可以实现一些带有复杂数据描述的应用系统,如时态和空间事务、多媒体数据管理等。

2)分布式数据库系统

随着地理上分散的用户对数据共享的要求日益增强,以及计算机网络技术的发展,在传统的集中式数据库系统的基础上产生和发展了分布式数据库系统。

分布式数据库系统并不是简单地把集中式数据库安装在不同的场合,用网络连接起来便实现了,而是具有自己的性质和特征,集中式数据库系统中的许多概念和技术,如数据库独立性的概念、数据共享和减少冗余的控制策略等。

3）多媒体数据库系统

多媒体数据库系统是多媒体技术与数据库技术的结合。其主要特征为：

①能表示和处理多种媒体数据；

②能反映和管理各种媒体数据的特性；

③应提供更强的适合非格式化数据查询的搜索功能；

④应提供事务处理与版本管理功能。

4）知识数据库系统

知识数据库系统是一个具有用所存储的知识对输入数据进行解释，生成作业假说并对其进行验证功能的系统。知识数据库系统的功能是如何把由大量的事实、规则、概念组成的知识存储起来，进行管理，并向用户提供方便快速的检索和查询手段。

5）并行数据库系统

并行数据库系统是并行技术与数据库技术的结合。其多处理机结构的优势是将数据库在多个磁盘上分布存储，利用多个处理机对磁盘数据进行并行处理，从而解决了磁盘"I/O"瓶颈问题，大大提高了查询效率。

6）模糊数据库系统

传统数据库系统描述和处理的是精确的或确定的客观事物，模糊数据库系统是模糊技术与数据库技术的结合，目标是能够存储以各种形式表示的模糊数据。

7）主动数据库

主动数据库是相对传统数据库的被动性而言的。许多实际的应用领域常常希望数据库系统在紧急情况下能根据数据库的当前状态，主动适时地作出反应，执行某些操作，向用户提供有关信息。

主动数据库的主要目标是提供对紧急情况及时反应的能力，同时提高数据库管理系统的模块化程度。主动数据库通常采用的方法是在传统数据库系统中嵌入 ECA（即事件-条件-动作）规则，在某一事件发生时引发数据库管理系统去检测数据库的当前状态，看是否满足设定的条件。若条件满足，便触发规定动作的执行。

8）XML 数据库

经过近几年的发展，XML 数据库技术取得了很大的进展，已有若干种 XML 数据库产品问世并服务于社会生活的各个方面。

（2）数据库新技术

数据库技术被应用到特定的领域中，出现了数据仓库、工程数据库、统计数据库、空间数据库、科学数据库等多种数据库，使数据库领域的应用范围不断扩大。

1）数据仓库

数据仓库是信息领域近年来迅速发展起来的数据库技术。数据仓库的建立能充分利用已有的资源,把数据转换为信息,从中挖掘出知识,提炼出智慧,最终创造出效益。

美国著名信息工程专家 William Inmon 博士在 20 世纪 90 年代初提出了数据仓库概念的表达,认为:"一个数据仓库通常是一个面向主题的、集成的、随时间变化的,但信息本身相对稳定的数据集合,它用于对管理决策过程的支持。"

数据仓库的特点如下:

①数据仓库是面向主题的。

②数据仓库是集成的。

③数据仓库是不可更新的。

④数据仓库是随时间而变化的。

⑤汇总的:操作性数据映射成决策可用的格式。

⑥大容量:时间序列数据集合通常都非常大。

⑦非规范化的:数据可以是而且经常是冗余的。

⑧元数据:将描述数据的数据保存起来。

⑨数据源:数据来自内部的和外部的非集成操作系统。

2)数据挖掘

数据挖掘(Data Mining)是从超大型数据库或数据仓库中发现并提取隐藏在内部信息的一种新技术。数据挖掘的目的是帮助决策者寻找数据潜在的关联,发现经营者被忽略的要素,而这些要素对预测趋势、决策行为是十分有用的信息。

数据挖掘技术涉及数据库技术、人工智能技术、机器学习、统计分析等多种技术,它使 DSS 系统跨入一个新阶段。传统的 DSS 系统通常是在某个假设的前提下通过数据查询和分析来验证或否定这个假设,而数据挖掘技术则能自动分析数据,进行归纳性推理,从而发掘出数据间潜在的模式;或产生联想,建立新的业务模型帮助决策者调查市场策略,找到正确的决策。

3)数据转移技术

数据转移技术也称为数据转换或数据变换,把多种传统资源或外部资源信息中不完善的数据自动转换为准确可靠的数据。

数据转移技术包括简单转移、清洗、集成、聚集和概括。

4)数据处理技术

数据处理技术大致可以分成两大类:联机事务处理(On-Line Transaction Processing, OLTP)和联机分析处理(On-Line Analytical Processing,OLAP),见表 5.1。

①联机事务处理(OLTP):OLTP 是传统的关系型数据库的主要应用,主要是基本的、日常的事务处理,如银行交易。

②联机分析处理(OLAP):OLAP 是数据仓库系统的主要应用,支持复杂的分析操作,侧重决策支持,并且提供直观易懂的查询结果。

表 5.1 OLTP 与 OLAP 比较

比较项	OLTP	OLAP
用 户	操作人员,低层管理人员	决策人员,高级管理人员
功 能	日常操作处理	分析决策
DB 设计	面向应用	面向主题
数 据	当前的、最新的、细节的、二维的、分立的	历史的、聚焦的、多维的、集成的、统一的
存 取	读/写数十条记录	读上百万条记录
工作单位	简单的事务	复杂的查询
用户数	上千个	上百万个
DB 大小	100 MB ~ GB	100 GB ~ TB
时间要求	具有实时性	对时间的要求不严格
主要应用	数据库	数据仓库

5.2 三级模式和两级映像

为了有效地组织、管理数据,提高数据库的逻辑独立性和物理独立性,人们为数据库设计了一个严谨的体系结构,数据库领域公认的标准结构是三级模式结构,它包括外模式、模式和内模式,如图 5.3 所示。

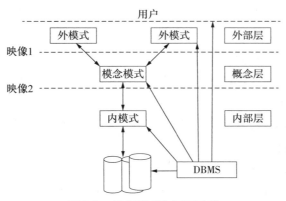

图 5.3 三级模式和两级映像

美国国家标准协会(American National Standard Institute,ANSI)的数据库管理系统研究小组于 1978 年提出了标准化的建议,将数据库结构分为 3 级:面向用户或应用程序员的用户级、面向建立和维护数据库人员的概念级、面向系统程序员的物理级。

用户级对应外模式,概念级对应模式,物理级对应内模式,使不同级别的用户对数据库形成不同的视图。所谓视图,就是指观察、认识和理解数据的范围、角度和方法,是数据库在用户"眼中"的反映,很显然,不同层次(级别)的用户所"看到"的数据库是不相同的。

(1)模式

模式又称为概念模式或逻辑模式,对应于概念级。它是由数据库设计者综合所有用户的数据,按照统一的观点构造的全局逻辑结构,是对数据库中全部数据的逻辑结构和特征的总体描述,是所有用户的公共数据视图(全局视图)。它是由数据库管理系统提供的数据模式描述语言(Data Description Language,DDL)来描述、定义的,反映了数据库系统的整体观。

(2)外模式

外模式又称为子模式,对应于用户级。它是某个或某几个用户所看到的数据库的数据视图,是与某一应用有关的数据逻辑表示。外模式是从模式导出的一个子集,包含模式中允许特定用户使用的那部分数据。用户可以通过外模式描述语言来描述、定义对应于用户的数据记录(外模式),也可以利用数据操纵语言(Data Manipulation Language,DML)对这些数据进行记录。外模式反映了数据库的用户观。

(3)内模式

内模式又称为存储模式,对应于物理级。它是数据库中全体数据的内部表示或底层描述,是数据库最低一级的逻辑描述。它描述了数据在存储介质上的存储方式的物理结构,对应着实际存储在外存储介质上的数据库。内模式由内模式描述语言来描述、定义,是数据库的存储观。

在一个数据库系统中,只有唯一的数据库,因而作为定义、描述数据库存储结构的内模式和定义、描述数据库逻辑结构的模式,也是唯一的,但建立在数据库系统之上的应用则是非常广泛、多样的,所以对应的外模式不是唯一的,也不可能是唯一的。

(4)三级模式间的映像

数据库的三级模式是数据库在3个级别(层次)上的抽象,使用户能够逻辑地、抽象地处理数据而不必关心数据在计算机中的物理表示和存储。实际上,对一个数据库系统而言物理级数据库是客观存在的,它是进行数据库操作的基础,概念级数据库中不过是物理数据库的一种逻辑的、抽象的描述(即模式),用户级数据库则是用户与数据库的接口,它是概念级数据库的一个子集(外模式)。

用户应用程序根据外模式进行数据操作,通过外模式-模式映像,定义和建立某个外模式与模式间的对应关系,将外模式与模式联系起来,当模式发生改变时,只要改变其映像,就可以使外模式保持不变,对应的应用程序也可保持不变;另一方面,通过模式-内模式映像,定义建立数据的逻辑结构(模式)与存储结构(内模式)之间的对应关系,当数据的存储结构发生变化时,只需改变模式-内模式映像,就能保持模式不变,因此应用程序也可以保持不变。

5.3　数据库应用系统体系结构

数据库系统的体系结构受所运行的计算机系统的影响很大,尤其受计算机体系结构中的联网、并行和分布等因素的影响。计算机联网可以使某些任务在服务器系统上执行,而另一些任务在客户机系统上执行。这种工作任务的划分导致了客户/服务器结构数据库系统的产生。在一个组织机构的多个节点或部门间对数据进行分布,可以使数据存放在最需要它们的地方,同时仍能够被其他节点或其他部门访问。分布式数据库系统用于处理地理上或管理上分布在多个数据库系统的数据。计算机系统中的并行处理能够加速数据库系统的运行,对事务作出更快速的响应,并且在单位时间内处理更多的事务。查询能够以一种充分利用计算机系统所提供的并行性的方式来处理。并行查询处理的需求导致了并行数据库的产生。

下面从传统的集中式系统开始,分别介绍客户/服务器结构的数据库系统、分布式结构的数据库系统和并行数据库系统。

1）集中式系统

现代通用的计算机系统包括一个或多个 CPU 及若干个设备控制器,它们通过公共总线连接在一起,却提供对共享内存的访问。数据库系统按计算机的使用方式,可分为单用户系统和多用户系统。

在单用户系统中,通常只有 1 个 CPU 和 1～2 个键盘,整个数据库系统包括应用程序、DBMS 和数据,它们都安装在一台计算机上,由一个用户独占,不同计算机之间不能共享数据。这属于早期的最简单的数据库系统。

多用户系统有更多的硬盘和更多的存储器,可能有多个 CPU,并且有一个多用户操作系统。

2）客户/服务器结构的数据库系统

由于个人计算机的速度更快、功能更强、价格更低,因此集中式体系结构终端发生了变化。连接到集中式系统的被个人计算机代替。以前由集中式系统直接执行的用户界面功能也越来越多地由个人计算机来处理。此时,集中式系统起服务器系统的作用,能满足客户机系统产生的请求。

客户/服务器结构的数据库系统将 DBMS 的功能和应用区分开了,它在网络中的某个计算机上专门执行 DBMS 功能,这样的计算机称为数据库服务器。其他节点上计算机安装 DBMS 的外围应用开发工具,支持用户的应用,这些计算机称为客户机。

3）分布式结构的数据库系统

所谓分布式,是指数据不存放在同一位置,而是分布在网络上各节点的方式,所以它是计算机网络发展的必然产物。计算机网络中的每个节点都可以独立处理本地数据库中的数据,执行局部应用;也可以同时存取和处理多个异地数据库中的数据,执行全局应用。

该系统主要用于处理地理上或管理上分布在多个数据库中的数据。相比主从式结构的数据库系统它的可靠性更高,因为一个节点的故障并不影响整个系统正常运行。

4)并行数据库系统

并行数据库系统由通过高速互联网络连接在一起的多台处理器和多个磁盘构成。并行系统通过并行地使用多个 CPU 和磁盘来提高处理速度和 I/O 速度。并行计算机正变得越来越普及,也使并行数据库系统的研究变得越来越重要。有些应用需要每秒钟处理大数量的事务,这样的需求推动了并行数据库系统的发展。

并行数据库体系结构包括共享内存、共享磁盘、无共享和层次的体系结构。这些体系结构的可扩展性和通信速度各有所长。

本章小结

本章主要对数据、数据库、数据库管理系统、三级模式与两级映像和数据库体系结构等概念作了详细的介绍。同时,也介绍了数据库的发展史和数据库的新技术。

课后习题

1.浅谈数据、数据库、数据库系统、数据库管理系统的概念。

2.说说什么是三级模式和两级映像。

3.讨论不同数据库系统的优缺点。

第6章　数据库的创建与管理

本章主要介绍目前比较流行的数据库 MySQL 的安装、创建与管理方法，主要介绍了 MySQL 5.7 图形化界面安装和 MySQL 5.7 绿色版的配置安装过程，读者可根据自己的需要选择安装。

学习目标：

- 了解 MySQL 数据库的特点；
- 学会 MySQL 数据库的安装；
- 学会利用图形化软件 MySQL-Front 管理数据库；
- 掌握利用界面方式创建、修改与删除数据库；
- 掌握利用命令方式创建、修改与删除数据库。

6.1　数据库的安装

MySQL 是 MySQL AB 公司的数据库管理系统软件，是最流行的开放源代码（Open Source）的关系型数据库管理系统。如今很多大型网站已经选择 MySQL 数据库来存储数据。

由于 MySQL 数据库发展势头迅猛，Sun 公司于 2008 年收购了 MySQL 数据库。这笔交易的收购价格高达 10 亿美元，这足以说明 MySQL 数据库的价值。可惜的是，2009 年 4 月，就在 Sun 最低潮的时候，Sun 公司以 74 亿美元的便宜价就被 Oracle 整体收购，业界一致认为 Sun 被 Oracle 收购是开源社区的一大悲剧。MySQL 数据库有很多的优势，主要列举以下 4 点。

①MySQL 是开放源代码的数据库。

②MySQL 的跨平台性。

③价格低廉优势。

④功能强大且使用方便。

根据 MySQL 系统平台的开源特性、跨平台性、价格低廉及入门简单和方便使用等优点，选择 MySQL 数据库管理系统，作为学生成绩管理系统的开发工具，是完全可行的。

MySQL 数据库可以在 Windows，UNIX，Linux 和 Mac OS 等操作系统上运行。因此，MySQL 有不同操作系统的版本。如果要下载 MySQL，必须先了解自己使用的是什么操作系统。然后根据操作系统下载相应的 MySQL，下载时要注意根据发布的先后顺序，现在已经发布了 MySQL 8.0 版。下面将为读者介绍如何下载与安装 MySQL。

读者可以到 MySQL 的官方下载不同版本的 MySQL。同时，也可以在百度、谷歌和雅虎等搜索引擎中搜索下载链接。本书使用的数据库为 MySQL 5.5 版本。

在 Windows 系列的操作系统下，MySQL 数据库的安装包分为图形化界面安装和免安装（Noinstall）两种安装包。这两种安装包的安装方式不同且配置方式也不同。图形化界面安装包有完整的安装向导，安装和配置很方便，根据安装向导的说明安装即可。免安装的安装包直接解压即可使用，但是配置起来很不方便（具体的配置可看本节后面部分）。下面将介绍通过图形化界面的安装向导来安装 MySQL 的具体过程。

（1）图形化界面方式安装 MySQL

①下载完成 Windows 版的 MySQL 5.7，解压后双击安装文件进入安装向导，此时弹出 MySQL 安装欢迎界面，如图 6.1 所示。

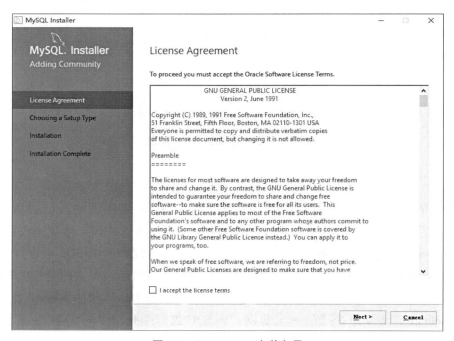

图 6.1　MySQL 5.7 安装向导

②单击"Next"按钮，进入选择安装方式的界面，如图 6.2 所示。有 5 种安装方式可供选择：Developer Default（开发者模式默认选项）、Server Only（仅服务器）、Client Only（仅客户端）、Full（完全安装）和 Custom（定制安装）。对于大多数用户来说，选择"Developer Default"

就可以了。单击"Next"按钮进入下一步。

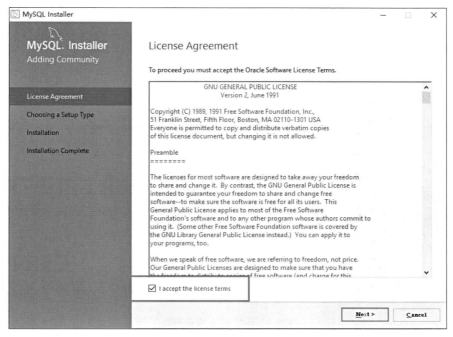

图 6.2　选择安装方式

③进入如图 6.3 所示的环境监听界面。在 MySQL 5.7 中,安装程序要自动搜索系统上安装的开发工具,单击"同意"之后会列出其他工具需要的相关组件,单击"Next"按钮进入下一步。

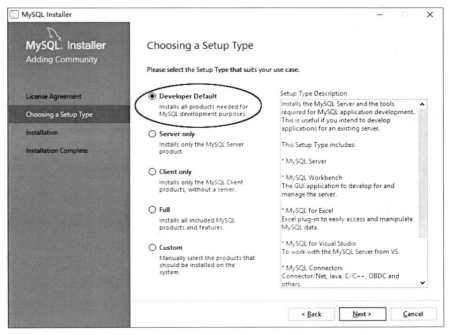

图 6.3　环境监听界面

④在图 6.4 环境需求检查中会列出你的计算机上可以连接到 MySQL 的软件,如 Visual Studio, Eclipse, PyCharm 等,中间是需求的版本或者额外组件,右边是状态。选择一个选项,然后单击"Check"按钮,如果有弹窗说明该软件没有安装需求的版本或者额外组件,如果已经安装了,则前面会多一个勾,说明可以使用。

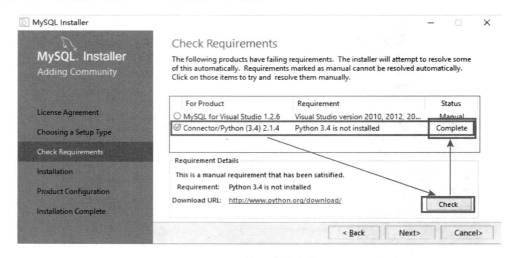

图 6.4　环境需求检查界面

单击"Next"按钮进入下一步。如果有些功能用不到,则可不需安装额外软件,直接单击"Next"按钮,会弹出一个窗口,可忽略它,直接单击"确定"即可,如图 6.5 所示。

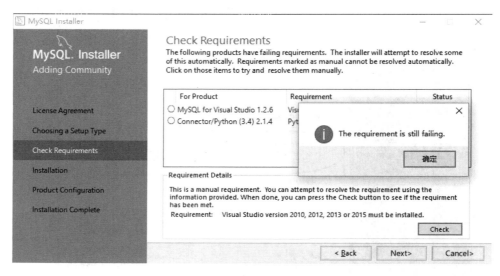

图 6.5　环境需求检查未通过界面

⑤进入图 6.6 所示的安装界面,等待安装完成,继续单击"Next"按钮进入 MySQL 环境配置。

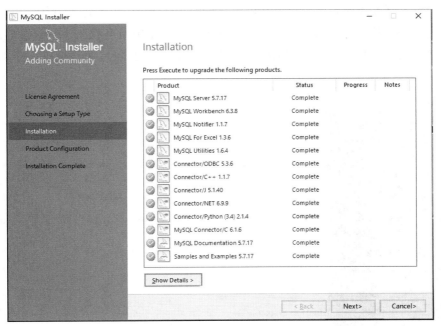

图 6.6　安装界面

⑥进入环境配置界面后,如图 6.7 所示。配置文件类型有 3 种,分别是开发者、服务器和网络专用服务器。根据个人需求选择,如果是个人,一般选择开发者即可。

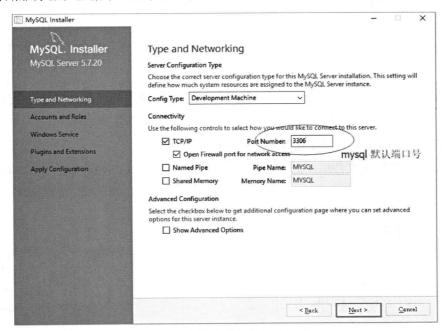

图 6.7　网络文件相关配置界面

MySQL 的 TCP/IP 默认端口都是 3306,如果仅仅是本地软件使用,不需要用网络来连接 MySQL 的话,也可以不选择。Named Pipe 是局域网协议,如果需要可以勾选。Shared

Memory 协议,仅可以连接到同一台计算机上运行的 MySQL 实例,一般不选用。

⑦单击"Next"按钮后进入图 6.8,设置 MySQL 数据库中最高权限 Root 账户的密码,这个密码很重要,务必设置一个不容易被破解的。下面是设置账户,在这里可以添加、删除用户,安装时可以忽略。

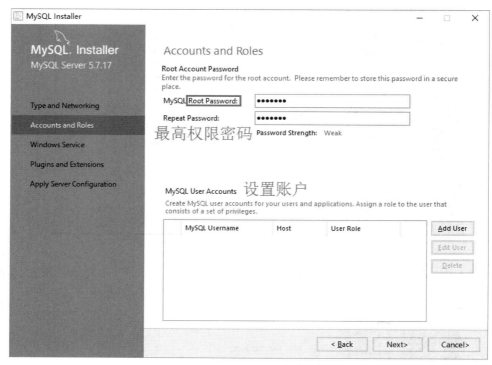

图 6.8　设置 Root 账户的密码

⑧接下来的是 Windows 系统服务和插件扩展的选项,剩下的都是一些检查或者开启状态之类的,按着默认一直单击"Next"即可完成整个软件的安装。

(2)免安装(MySQL 5.7 绿色版)配置过程

①将下载好的压缩文件解压到本地磁盘"D:\Program Files\mysql-5.7.17-winx64"目录(用户可以自己指定目录)下,如图 6.9 所示。复制"my-default.ini"(此文件是解压之后自带的)并重命名为 my.ini,然后替换成以下的代码即可。

my.ini 中的代码如下:

```
[mysql]
#设置 MySQL 客户端默认字符集
default-character-set=utf8
[mysqld]
#设置 3306 端口
port =3306
```

```
#设置 MySQL 的安装目录
basedir = D:\Program Files\mysql-5.7.17-winx64
#设置 MySQL 数据库的数据的存放目录
datadir = D:\Program Files\mysql-5.7.17-winx64\data
#允许最大连接数
max_connections=200
#服务端使用的字符集默认为 8bit 编码的 latin1 字符集
character-set-server=utf8
#创建新表时将使用默认的存储引擎
default-storage-engine=INNODB
```

图 6.9　在解压缩目录中创建配置文件

②安装 MySQL(图 6.10),先以管理员身份打开 cmd 窗口,将目录切换到你的解压文件 bin 目录下。再输入“mysqld install”,回车运行即可。注意:这里输入的是 mysqld 不是 mysql。当出现“Service successfully installed”时,提示已安装成功。

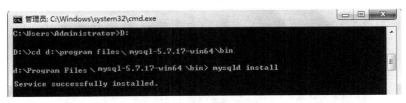

图 6.10　安装 MySQL

③启动 MySQL 服务。接着在上一步输入“net start mysql”启动服务,如果报错,就执行“mysql→initialize-insecure→user=mysql”后再启动服务。

除了用命令启动 MySQL 服务,还可通过“控制面板”→“管理工具”→“服务”命令,查看 MySQL 服务,也可在 cmd 中输入“services.msc”命令,调出如图 6.11 所示的服务窗口。

④设置 Root 密码。查找 MySQL 的初始密码,用记事本打开“D:\Program Files\mysql-5.7.17-winx64\data”目录下的后缀为 err 的文件,该文件名为 DESKTOP-KCIHHJT.err,搜索 password 关键字,显示的信息为:A temporary password is generated for root@localhost:=

2v&i＊7Nab0r，生成的初始密码为＝2v&i＊7Nab0r。

图 6.11　启动 MySQL 服务窗口

> 执行 mysql -uroot -p
>
> 输入上述的初始密码，就可以进入 MySQL 了
>
> 执行 SET PASSWORD = PASSWORD('123456');
>
> 将密码修改为 123456
>
> 使用 Exit 退出 MySQL，然后就可以使用新密码登录了

在 DOS 窗口中"C：\\>"提示符后，可以通过 DOS 命令登录 MySQL 数据库，命令如下：

```
C: \> mysql -h 127.0.0.1-u root -p
```

其中，"mysql"是登录 MySQL 数据库的命令；"-h"后面接 MySQL 服务器的 IP，因为 MySQL 服务器在本地计算机上，因此 IP 为"127.0.0.1"；"-u"后面接数据库的用户名，本例用 "root"用户登录；"-p"后面接"root"用户的密码。如果"-p"后面没有密码，则在 DOS 窗口下运行该命令后，系统会提示输入密码。密码输入正确后，即可登录到 MySQL 数据库，如图 6.12 所示。

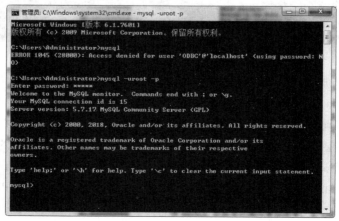

图 6.12　使用命令方式登录到 MySQL

（3）MySQL **数据库图形界面工具管理** MySQL-Front

MySQL-Front 是一款小巧的管理 MySQL 的高性能的图形化应用程序，支持中文界面操作，主要特性包括多文档界面、语法突出、拖曳方式的数据库和表格、可编辑/可增加/删除的域、可编辑/可插入/删除的记录、可显示的成员、可执行的 SQL 脚本、提供与外程序接口、保存数据到 CSV 文件等。它是一款非常好用的 MySQL 管理工具，可以让我们轻松掌握数据库中有哪些表和哪些字段，对应的字段有哪些类型长度等，在处理一个表中有很多字段时是非常适用的。

该软件安装过程简单，用户可以自行安装，安装成功后单击"新建"连接，弹出连接配置如图 6.13 所示。设置连接的主机 IP，本地连接可以输入 localhost，可以选择用 root 用户登录，密码是安装时设置的。

图 6.13　MySQL-Front 连接到 MySQL 服务器

6.2　创建数据库

（1）**界面方式创建数据库**

创建数据库是指在系统磁盘上划分一块区域用于数据的存储和管理。这是进行表操作的基础，也是进行数据库管理的基础。

为了方便初学者快速了解数据库的使用，先学习一种简单的界面创建方式，具体步骤如下：

①打开图形化管理软件 MySQL-Front（图 6.14），单击菜单"数据库"→"新建"→"数据库"，弹出"新建数据库"窗口。

②在新建数据库窗口中,输入新建数据库的名称"demo",字符集选择"utf8",单击"确定"按钮后完成 demo 数据库的创建。

图 6.14　在 MySQL-Front 中创建数据库

③在 MySQL-Front 数据库对象窗口(图 6.15)中能看到已经创建的数据库,在数据库上单击右键可以选择"删除"选项,也可以快速删除数据库。

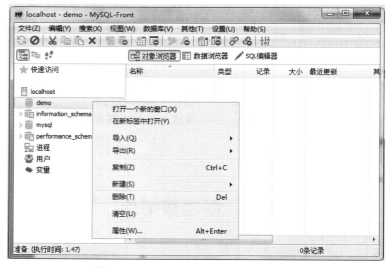

图 6.15　MySQL-Front 数据库对象窗口

(2)命令方式创建数据库

MySQL 中,创建数据库是通过 SQL 语句"CREATE DATABASE"实现的。根据 MySQL 参考手册,创建数据库的 SQL 基本语法格式如下:

```
CREATE DATABASE[IF NOT EXISTS] db_name
[create_specification[, create_specification] ...]
```

其中 create_specification：

> [DEFAULT] CHARACTER SET charset_name
> |[DEFAULT] COLLATE collation_name

温馨提示：中括号的内容为可选项，其余为必须书写的项。

语法剖析如下：

CREATE DATABASE 是创建数据库的固定语法，不能省略。

①IF NOT EXISTS：由于包含在中括号里面，为可选项，意思是在创建数据库之前，判断即将创建的数据库名是否存在。如果不存在，将创建该数据库，如果数据库中已经存在同名的数据库，则不创建任何数据库。但是，如果存在同名数据库，并且没有指定 IF NOT EXISTS，则会出现错误。

②db_name：即将创建的数据名称，该名称不能与已经存在的数据库重名。数据库中相关对象的命名要求见表 6.1。除了表内注明的限制，识别符不可以包含 ASCII 码中的 0 或值为 255 的字节。数据库、表和列名不应以空格结尾。在识别符中可以使用引号识别符，但应尽可能地避免这样使用。

表 6.1　每类识别符的最大长度和允许的字符

识别符	最大长度/字节	允许的字符
数据库	64	目录名允许的任何字符，不包括"/""\"或者"。"
表	64	文件名允许的任何字符，不包括"/""\"或者"。"
列	64	所有字符
索引	64	所有字符
别名	255	所有字符

③create_specification：用于指定数据库的特性。数据库特性储存在数据库目录中的db. opt 文件里。CHARACTER SET 子句用于指定默认的数据库字符集。COLLATE 子句用于指定默认的数据库排序。

注意：在 MySQL 中，每一条 SQL 语句都以"；"作为结束标志。

【例 6.1】　创建一个名为 student 的数据库。

> mysql> CREATE DATABASE student;

这条 SQL 语句的执行可以在 MySQL 命令行方式下执行，执行结果显示如图 6.16 所示。

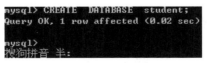

图 6.16　创建数据库成功

结果信息显示"Query OK，1 row affected（0.02 sec）"，表示数据库创建成功。

温馨提示：在进行此操作及本章后续操作之前，请确定你已经连接到 MySQL 中。

如果服务器上已经存在名为 student 的数据库,则会有如下错误提示,如图 6.17 所示。

图 6.17 错误提示

完整的创建数据库的代码如下,但人们一般会习惯省略"IF NOT EXISTS"。

> CREATE DATABASE IF NOT EXISTS student;

我们也可以将这个语句直接写在 MySQL-Front 中的"SQL 编辑器"里执行,单击"Sql 命令执行按钮"后,数据库对象将显示在左边的窗口中,如图 6.18 所示。

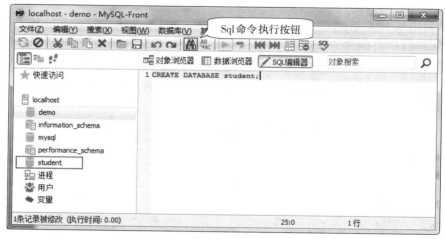

图 6.18 SQL 语句在 MySQL-Front 中执行

【例 6.2】 创建一个名为 studentinfo 的数据库,并使用指定其默认字符集为 UTF8。

> mysql> CREATE DATABASE IF NOT EXISTS studentinfo;
> > DEFAULT CHARACTER SET UTF8;

在命令行方式中创建数据库之后可利用"SHOW DATABASES"查看效果,MySQL-Front 创建的数据库可以直接在左边的窗口中显示。

6.3 数据库的管理

(1)查看数据库

为了检验数据库系统中是否已经存在命名为 student 的数据库,可使用"SHOW DATA-BASES"命令来查看效果。执行"SHOW DATABASES"命令后,可以列出在 MySQL 服务器主机上的所有数据库。其语法形式如下:

```
SHOW DATABASES;
```

查看 MySQL 服务器主机上的所有数据库的语法比较简单，只需要把"SHOW DATABAS-ES"输入到 MySQL 的命令行后，按"回车"键即可。

执行结果如下：

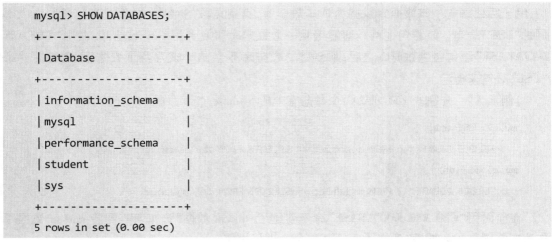

```
mysql> SHOW DATABASES;
+--------------------+
| Database           |
+--------------------+
| information_schema |
| mysql              |
| performance_schema |
| student            |
| sys                |
+--------------------+
5 rows in set (0.00 sec)
```

可以发现，在上面的列表中除了刚创建的 student 外，还有另外 4 个数据库，它们都是安装 MySQL 时系统自动创建的，各自功能如下：

①information_schema：主要存储系统中的一些数据库对象信息，提供了访问数据库元数据的方式（元数据是关于数据的数据，如数据库名或表名，列的数据类型，或访问权限等。有时用于表述该信息的其他术语包括"数据词典"和"系统目录"）。

②mysql：mysql 的核心数据库，类似于 SQL Server 中的 master 表，主要负责存储数据库的用户、权限设置、关键字等 MySQL 自己需要使用的控制和管理信息（在 mysql. user 表中修改 root 用户的密码）。该数据库不可以删除，如果对 mysql 不是很了解，也不要轻易修改这个数据库里面的表信息。

③performance_schema：MySQL 5.5 版本中新增的一个性能优化的引擎，主要用于收集数据库服务器性能参数。这个功能默认是关闭的：需要设置参数 performance_schema 才可以启动该功能，这个参数是静态参数，只能写在 my. cnf 中，不能动态修改。MySQL 5.7 版本以后，这个功能默认是开启的。

④sys：sys 库中所有的数据源来自 performance_schema。目标是将 performance_schema 的复杂度降低，让 DBA 能更好地阅读这个库中的内容。让 DBA 更快了解 DB 的运行情况。

注意：5.7 版本中的 4 个系统自带的库为 information_schema，mysql，performance_schema，sys。

5.6 版本自带的库为 information_schema，mysql，performance_schema，test（测试数据库）。

（2）**选择数据库**

查看系统中所有的数据库之后，可以使用"USE"命令来选择需要操作的数据库。

其语法形式如下：

```
USE db_name;
```

语法剖析如下：

USE db_name：该语句可以通知 MySQL 把 db_name 数据库作为默认（当前）数据库使用，用于后续语句。该数据库保持为默认数据库，直到语段的结尾，或者直到运行另一个不同的"USE"语句。该语句也可以理解为从一个数据库切换到另一个数据库，在用"CREATE DATABASE"语句创建数据库之后，刚创建的数据库不会自动成为当前数据库，需要用这条"USE"语句来指定。

【例6.3】 分别从 db1，db2 两个数据库中的 mytable 查询数据。

```
mysql> USE db1;
    > SELECT COUNT(* ) FROM mytable; // SELECTS FROM db1.mytable
mysql>USE db2;
    > SELECT COUNT(* ) FROM mytable; // SELECTS FROM db2.mytable
```

在前面用"CREATE DATABASE"命令创建了 student 数据库，如果需要将 student 数据库作为当前操作的数据库，就需要使用下列命令进行操作。

```
USE student;
```

(3)删除数据库

删除数据库是指在数据库系统中删除已经存在的数据库。删除数据库之后，原来分配的空间将被收回。值得注意的是，删除数据库会永久删除该数据库中所有的表及其数据。因此，在使用 DROP 命令删除数据库时，应该特别小心使用。本小节主要讲解如何删除数据库。MySQL 中，删除数据库是通过 SQL 语句"DROP DATABASE"实现的。其语法形式如下：

```
DROP {DATABASE}[IF EXISTS] db_name
```

语法剖析如下：

DROP {DATABASE} db_name 为固定用法，此命令可以删除名为 db_name 的数据库。当 db_name 数据库在 MySQL 主机中不存在时，系统就会出现错误提示。

【例6.4】 删除一个名为 demo 的数据库。

```
DROP DATABASE demo;
或者
DROP DATABASE [ IF NOT EXISTS] demo;
```

执行结果显示如下：

```
Query OK,0 rows affected (1.82 sec)
```

可以发现，提示操作成功后，后面却显示了"0 rows affected"，这个提示可以忽略。在

MySQL 中,DROP 语句操作的结果都是显示"0 rows affected"。

注意:数据库删除后,里面所有的表数据都会全部删除,所以删除前一定要仔细检查并做好相应备份。

本章小结

本章介绍了 MySQL 数据库的下载;介绍了 Windows 系列的操作系统下,MySQL 数据库的图形化界面安装和免安装这两种安装方式。了解 MySQL 服务启动和连接的方式,通过 MySQL-Front 软件连接 MySQL 数据库。分别介绍了使用图形界面方式和命令方式来创建数据库。重点讲解了利用命令对数据库进行查看、选择和删除数据库。对初学者或 DBA 管理员,希望能够熟练掌握命令方式来创建和管理数据库。

课后习题

1. 简述登录到 MySQL 服务器上的步骤。
2. 简述创建一个用于教学管理数据库名叫 jxgl 数据库的方法。
3. 请写出查看、使用和删除 jxgl 数据库所使用的命令是什么?

第 7 章　表的创建与管理

关系数据库中的所有数据存储在表对象中,表是数据库中最重要的对象,每个表代表一个实体集或实体集之间的联系。本章主要介绍 MySQL 数据库中数据表的基本知识,数据表结构的创建、修改、管理等内容,以及通过 SQL 语句管理表结构。

学习目标:

- 了解 MySQL 中的存储引擎;
- 学会 MySQL 中常用的数据类型;
- 掌握表结构的创建;
- 掌握表结构的查看、修改和删除;
- 理解数据完整性的相关概念;
- 掌握常见数据完整性约束的设置。

7.1　MySQL 存储引擎

在 MySQL 中创建数据表时通常要求指定表的存储引擎,存储引擎就是指表的类型。数据库的存储引擎决定了表在计算机中的存储方式。本部分将讲解存储引擎的内容和分类,以及如何选择合适的存储引擎。存储引擎的概念体现了 MySQL 的特点,它是一种插入式的存储引擎概念。这决定了 MySQL 数据库中的表可以用不同的方式存储。用户可以根据自己的不同要求,选择不同的存储方式、是否进行事务处理等。

使用 SHOW ENGINES 语句可以查看 MySQL 数据库支持的存储引擎类型。查询代码如下:

```
SHOW ENGINES;
```

SHOW ENGINES 语句可以用";"结束,也可以使用"\g"或者"\G"结束。"\g"与";"的作用相同,"\G"可以让结果显示得更加美观。SHOW ENGINES 语句查询的结果显示如图 7.1 所示。

```
mysql> SHOW ENGINES;
+--------------------+---------+----------------------------------------------------------------+--------------+------+------------+
| Engine             | Support | Comment                                                        | Transactions | XA   | Savepoints |
+--------------------+---------+----------------------------------------------------------------+--------------+------+------------+
| InnoDB             | DEFAULT | Supports transactions, row-level locking, and foreign keys     | YES          | YES  | YES        |
| MRG_MYISAM         | YES     | Collection of identical MyISAM tables                          | NO           | NO   | NO         |
| MEMORY             | YES     | Hash based, stored in memory, useful for temporary tables      | NO           | NO   | NO         |
| BLACKHOLE          | YES     | /dev/null storage engine (anything you write to it disappears) | NO           | NO   | NO         |
| MyISAM             | YES     | MyISAM storage engine                                          | NO           | NO   | NO         |
| CSV                | YES     | CSV storage engine                                             | NO           | NO   | NO         |
| ARCHIVE            | YES     | Archive storage engine                                         | NO           | NO   | NO         |
| PERFORMANCE_SCHEMA | YES     | Performance Schema                                             | NO           | NO   | NO         |
| FEDERATED          | NO      | Federated MySQL storage engine                                 | NULL         | NULL | NULL       |
+--------------------+---------+----------------------------------------------------------------+--------------+------+------------+
9 rows in set (0.00 sec)
```

图 7.1 查询所有的存储引擎

查询结果中,各参数的说明如下:

Engine:指存储引擎名称。

Support:说明 MySQL 是否支持该类引擎,"YES"表示支持,"DEFAULT"表示默认存储引擎,"NO"表示不支持。

Comment:指对该引擎的评论。

Transactions:表示是否支持事务处理,"YES"表示支持,"NO"表示不支持,"NULL"表示空。

XA:表示是否分布式交易处理的 XA 规范,"YES"表示支持,"NO"表示不支持,"NULL"表示空。

Savepoints:表示是否支持保存点,以便事务回滚到保存点,"YES"表示支持,"NO"表示不支持,"NULL"表示空。

从查询结果中可以看出,MySQL 5.7 支持的存储引擎包括 MyISAM, InnoDB, MRG_MY-ISAM, MEMORY, FEDERATED, ARCHIVE, CSV, PERFORMANCE_SCHEMA, BLACKHOLE。其中 InnoDB 为默认(DEFAULT)存储引擎,每个版本的存储引擎不完全一样。

创建新表时如果不指定存储引擎,那么系统就会使用默认存储引擎,MySQL 5.5 以后 InnoDB 为默认存储引擎,之前是 MyISAM 为默认存储引擎。MySQL 中还可使用 SHOW 语句显示默认的存储引擎的信息。其代码如下:

```
SHOW VARIABLES LIKE 'default_storage_engine%';     //这是 MySQL 5.7 版本
```

查询结果如下:

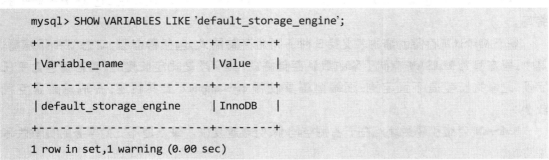

```
mysql> SHOW VARIABLES LIKE 'default_storage_engine';
+------------------------+--------+
| Variable_name          | Value  |
+------------------------+--------+
| default_storage_engine | InnoDB |
+------------------------+--------+
1 row in set,1 warning (0.00 sec)
```

结果显示,默认的存储引擎为 InnoDB。读者可以使用该方式查看 MySQL 数据库的默认存储引擎。如果读者想更改默认的存储引擎,可以在"my. ini"中进行修改。将"default-storage-engine = InnoDB"更改为"default-storage-engine = MyISAM"。然后重启服务,修改生效。

注意: MySQL 5.6 版本以前的可以将'default_storage_engine%'改为'storage_engine%'。

(1)存储引擎的类型

1)InnoDB 存储引擎

InnoDB 是 MySQL 数据库的一种存储引擎。InnoDB 给 MySQL 的表提供了事务、回滚、崩溃修复能力和并发控制的事务安全。在 MySQL 从 3.23.34a 开始包含 InnoDB 存储引擎。InnoDB 是 MySQL 上第一个提供外键约束的表引擎。而且 InnoDB 对事务处理的能力,也是 MySQL 其他存储引擎无法比拟的。

InnoDB 存储引擎中支持自动增长列 AUTO INCREMENT。自动增长列的值不能为空,且值必须唯一。MySQL 中规定自动增长列必须为主键。在插入值时,如果自动增长列不输入值,则插入的值为自动增长后的值;如果输入的值为"0"或空(NULL),则插入的值也为自动增长后的值;如果插入某个确定的值,且该值在前面没有出现过,则可以直接插入。

InnoDB 存储引擎中支持外键(FOREIGN KEY)。外键所在的表为子表,外键所依赖的表为父表。父表中被子表外键关联的字段必须为主键。当删除、更新父表的某条信息时,子表也必须有相应的改变。

InnoDB 存储引擎中,创建的表的表结构存储在". frm"文件中。数据和索引存储在"innodb_data_home_dir"和"innodb_data_file_path"定义的表空间中。

InnoDB 存储引擎的优点在于提供了良好的事务管理、崩溃修复能力和并发控制。缺点是其读写效率稍差,占用的数据空间相对比较大。

2)MyISAM 存储引擎

MyISAM 存储引擎是 MySQL 中常见的存储引擎,曾是 MySQL 的默认存储引擎。MyISAM 存储引擎是基于 ISAM 存储引擎发展起来的。MyISAM 增加了很多有用的扩展。

MyISAM 存储引擎的表存储为以下 3 个文件类型。文件的名字与表名相同。扩展名包括"frm""MYD"和"MYI"。其中,"frm"扩展名的文件存储表的结构;"MYD"扩展名的文件存储数据,它是 MYData 的缩写;"MYI"扩展名的文件存储索引,它是 MYIndex 的缩写。

基于 MyISAM 存储引擎的表支持 3 种不同的存储格式,包括静态型、动态型和压缩型。其中,静态型为 MyISAM 存储引擎的默认存储格式,其字段是固定长度的;动态型包含变长字段,记录的长度是不固定的;压缩型需要使用 myisampack 工具创建,占用的磁盘空间较小。

MyISAM 存储引擎的优点在于占用空间小,处理速度快。缺点是不支持事务的完整性和并发性。

3）MEMORY 存储引擎

MEMORY 存储引擎是 MySQL 中的一类特殊的存储引擎。它使用存储在内存中的内容来创建表，而且所有数据也放在内存中。这些特性与 InnoDB 存储引擎、MyISAM 存储引擎均不同。

每个基于 MEMORY 存储引擎的表实际上对应一个磁盘文件。该文件的文件名与表名相同，类型为"frm"类型。该文件中只存储表的结构。而其数据文件，都存储在内存中。这样有利于对数据的快速处理，提高整个表的处理效率。值得注意的是，服务器需要有足够的内存来维持 MEMORY 存储引擎的表的使用。如果不需要使用，可以释放这些内存，甚至可以删除不需要的表。

MEMORY 存储引擎默认使用哈希（HASH）索引。其速度要比使用 B 型树（BTREE）索引快。如果读者希望使用 B 型树索引，可以在创建索引时选择使用。

MEMORY 表的大小是受到限制的。表的大小主要取决于两个参数，分别是"max rows"和"max_heap_table_size"。其中，"max rows"可以在创建表时指定；"max_heap_table_size"的大小默认为 16 MB，可以按需要进行扩大。因此，正是因为 MEMORY 表存在于内存中，故这类表的处理速度非常快。因为其数据易丢失、生命周期短，所以选择 MEMORY 存储引擎时需要特别小心。

4）MERGE

MERGE 存储引擎，也称为 MRG_MyISAM 引擎，是一组 MyISAM 表的集合。这些 MyISAM 表结构必须完全相同，MERGE 表本身并没有数据。MERGE 类型的表可以进行查询、更新、删除操作，这些操作实际上是对内部的 MyISAM 表进行操作。

当你创建一个 MERGE 表时，你必须指定一个 UNION＝（list-of-tables）子句，它说明你要把哪些 MyISAM 表当作一个表来用。对 MERGE 类型表的插入操作，是通过 INSERT_METHOD 子句定义插入的表，可以有 3 个不同的值，使用 FIRST 值或 LAST 值使得插入被相应地做在第一或最后一个表上。如果你没有指定这个子句或定义为 NO，表示不能对这个 MERGE 表执行插入操作。

可以对 MERGE 表进行 DROP 操作，这个操作只是删除 MERGE 的定义，对内部的 MyISAM 表没有任何影响。

创建一个 MERGE 表时，MySQL 在磁盘上创建两个文件。文件名以表的名字开始，一个.frm 文件存储表定义，另一个.MRG 文件包含组合表的信息，包括 MERGE 表由哪些表组成、插入新的数据时的依据。我们可以通过修改.MRG 文件来修改 MERGE 表，但是修改后要通过 FLUSH TABLES 刷新。

MERGE 存储引擎的使用场景。对于服务器日志这种信息，一般常用的存储策略是将数据分成很多表，每个名称与特定的时间端相关。例如，可以用 12 个相同的表来存储服务器日志数据，每个表用对应的各个月份的名字来命名。当有必要基于所有 12 个日志表的数据来生成报表时，这就意味着需要编写并更新多表查询，以反映这些表中的信息。与其编写这些可能出现错误的查询，不如将这些表合并起来使用一条查询，之后再删除 MERGE 表，而不影响原来的数据(删除 MERGE 表只是删除 MERGE 表的定义,对内部的表没有任何影响)。

(2)存储引擎的选择

在实际工作中,选择一个合适的存储引擎是一个很复杂的问题,每种存储引擎都有各自的优点。下面从存储引擎的事务安全、存储限制、空间使用、内存使用、插入数据的速度和对外键的支持这几个角度进行比较,见表7.1。

表 7.1　存储引擎的对比

特　性	InnoDB	MyISAM	MEMORY	MERGE
事务安全性	支持	无	无	无
存储限制	64 TB	有	有	无
空间使用	高	低	低	低
内存使用	高	低	高	低
插入数据的速度	低	高	高	高
对外键的支持	支持	无	无	无

表 7.1 中介绍了 InnoDB,MyISAM,MEMORY,MERGE 这 4 种存储引擎特性的对比。下面根据其不同的特性,给出选择存储引擎的建议。

①InnoDB 存储引擎:支持事务处理,支持外键,同时支持崩溃修复能力和并发控制。如果对事务的完整性要求比较高,同时要求实现并发控制,选择 InnoDB 存储引擎更具优势。如果需要频繁地进行更新、删除操作的数据库,也可以选择 InnoDB 存储引擎,因为该类存储引擎可以实现事务的提交和回滚。

②MyISAM 存储引擎:插入数据快,空间和内存使用比较低。如果表主要用于插入新记录和读出记录,那么,选择 MyISAM 存储引擎能在处理过程中体现高效率。如果应用的完整性、并发性要求很低,也可以选择 MyISAM 存储引擎。

③MEMORY 存储引擎:所有数据都在内存中,数据的处理速度快,但安全性不高。如果需要很快的读写速度,对数据的安全性要求较低,可以选择 MEMORY 存储引擎。因为 MEMORY 存储引擎对表的大小有要求,不能建立太大的表。所以,这类数据库只适用于相对较小的数据库表。

④MERGE 存储引擎:用于将一系列等同的 MyISAM 表以逻辑方式组合在一起,并作为一个对象引用它们。MERGE 表的优点在于可以突破对单个 MyISAM 表的大小限制,并且通过将不同的表分布在多个磁盘上,可以有效地改善 MERGE 表的访问效率,针对数据仓库等 VLDB 环境十分适合。

这些选择存储引擎的建议都是根据不同存储引擎的特点提出的。这些建议方案并不是绝对的。在实际应用中,还需要根据实际情况进行分析。

7.2　MySQL 数据类型

在使用 MySQL 创建数据表时定义数据字段的类型对数据库的优化是非常重要的。MySQL 支持多种类型,大致可以分为数值、日期/时间和字符串(字符)类型三类。

7.2.1　数值类型

MySQL 支持所有标准 SQL 数值数据类型。这些类型包括严格数值数据类型(INTEGER, SMALLINT, DECIMAL 和 NUMERIC)和近似数值数据类型(FLOAT, REAL 和 DOUBLE PRECISION)。

关键字 INT 是 INTEGER 的同义词,关键字 DEC 是 DECIMAL 的同义词。BIT 数据类型保存位字段值,并且支持 MyISAM, MEMORY, InnoDB 和 BDB 表。

作为 SQL 标准的扩展,MySQL 也支持整数类型 TINYINT, MEDIUMINT 和 BIGINT。表7.2 显示了需要的常用数值类型的存储和范围。

表 7.2　常用数值类型的存储和范围

类　型	大　小	范　围		用　途
		有符号	无符号	
TINYINT	1 字节	$(-128,127)$	$(0,255)$	小整数值
SMALLINT	2 字节	$(-32\ 768,32\ 767)$	$(0,65\ 535)$	大整数值
MEDIUMINT	3 字节	$(-8\ 388\ 608,8\ 388\ 607)$	$(0,16\ 777\ 215)$	大整数值
INT 或 INTEGER	4 字节	$(-2\ 147\ 483\ 648,2\ 147\ 483\ 647)$	$(0,4\ 294\ 967\ 295)$	大整数值
BIGINT	8 字节	$(-9\ 233\ 372\ 036\ 854\ 775\ 808,$ $9\ 223\ 372\ 036\ 854\ 775\ 807)$	$(0,18\ 446\ 744\ 073\ 709$ $551\ 615)$	极大整数值
FLOAT	4 字节	$(-3.402\ 823\ 466\ E+38,-1.175$ $494\ 351\ E-38),0,(1.175\ 494$ $351\ E-38,3.402\ 823\ 466\ 351$ $E+38)$	$0,(1.175\ 494\ 351$ $E-38,3.402\ 823\ 466$ $E+38)$	单精度浮点数值
DOUBLE	8 字节	$(-1.797\ 693\ 134\ 862\ 315\ 7\ E+$ $308,-2.225\ 073\ 858\ 507\ 201\ 4$ $E-308),0,(2.225\ 073\ 858\ 507$ $201\ 4\ E-308,1.797\ 693\ 134\ 862$ $315\ 7\ E+308)$	$0,(2.225\ 073\ 858\ 507$ $201\ 4\ E-308,1.797$ $693\ 134\ 862\ 315\ 7$ $E+308)$	双精度浮点数值

续表

类 型	大 小	范 围		用 途
		有符号	无符号	
DEC(M,D) DECIMAL(M,D)	如果 M>D,为 M/2,否则为 D+2	依赖于 M 和 D 的值	依赖于 M 和 D 的值	小数值,M 表示长度,D 表示小数的位数

（1）**整形数据**

MySQL 还支持在类型后面的小括号内指定显示宽度,例如,INT(5)表示当数值宽度小于 5 位时在数字前面填满宽度,如果不显示指定宽度则默认为 INT(11)。一般配合 ZEROFILL 使用,顾名思义,ZEROFILL 就是用"0"填充的意思,也就是在数字位数不够的空间用字符"0"填充。如果插入的数字大于 5 位,宽度格式实际上就没有意义,左边不会再填充任何的"0"字符。

所有整数类型可以有一个可选（非标准）属性 UNSIGNED。当你想要在列内只允许非负数和该列需要较大的上限数值范围时可以使用无符号值。浮点和定点类型也可以为 UNSIGNED。同数类型,该属性防止负值保存到列中。然而,与整数类型不同的是,列值的上范围保持不变。如果为一个数值列指定 ZEROFILL,MySQL 自动为该列添加 UNSIGNED 属性。

整数类型还有一个属性：AUTO_INCREMENT。在需要产生唯一标识符或顺序值时,可利用此属性,该属性只能用于整数类型,默认从 1 开始,每行增加 1,在插入空值 NULL 到 AUTO_INCREMENT 列时,MySQL 自动插入一个比当前最大值加 1 的值。一个表中最多只能有一个 AUTO_INCREMENT 列,一般定义为 NOT NULL,并定义为 PRIMARY KEY 或定义为 UNIQUE 键。

（2）**浮点型与定点型**

对于小数的表示,MySQL 分为两种方式：浮点数和定点数。浮点数包括 FLOAT 和 DOUBLE（双精度）,定点数只有 DECIMAL,NUMERIC 和 DECIMAL 同义,NUMERIC 将自动转成 DECIMAL。FLOAT 和 DOUBLE 在不指定精度时默认会保存实际精度,而 DECIMAL 默认是整数;浮点型在数据库中存放的是近似值,而定点类型在数据库中存放的是精确值,例如,会计系统中的货币数据。

要定义数据类型为 DECIMAL 的列,请使用以下语法：

```
column_name DECIMAL(M,D);
```

在上面的语法中：

- M 是表示有效数字数的精度。M 的范围为 1~65。默认为 10。
- D 是表示小数点后的位数。D 的范围为 0~30。MySQL 要求 D 小于或等于(<=)M。默认为 0。

MySQL 使用二进制格式将 9 个十进制(基于 10)存储 DECIMAL 值。每个值的整数和小数部分的存储分别确定存储空间。它将每 9 位数字包装成 4 个字节,剩余数字所需的存储字节见表 7.3。

表 7.3　整数和小数部分不够 9 位数字时所需字节

剩余数字	字　节
0	0
1 ~ 2	1
3 ~ 4	2
5 ~ 6	3
7 ~ 9	4

例如,DECIMAL(19,9)对于小数部分具有 9 位数字需要 4 个字节,对于整数部分具有 19 位 -9 = 10 位数字。通过表 7.3 可以看出,整数部分对于前 9 位数字需要 4 个字节,剩余 1 个数字需要 1 个字节,因此,DECIMAL(19,9)列总共需要 9 个字节。通过该方法可以推算出默认的 DECIMAL(10,0)占 5 个字节。

MySQL 允许使用非标准语法:FLOAT(M,D)或 REAL(M,D)或 DOUBLE PRECISION(M,D)。这里,"(M,D)"表示该值一共显示 M 位整数,其中 D 表示小数点后面的位数,M 和 D 又称为精度和标度。例如,定义为 FLOAT(7,4)的一个列可以显示为 -999.9999 ~ 999.9999。MySQL 保存值时进行四舍五入,因此,如果在 FLOAT(7,4)列内插入 999.00009,近似结果是 999.0001。

使用非标准语法与 DECIMAL 的区别在于,当不指定精度时,FLOAT,DOUBLE 默认会保存实际精度,而 DECIMAL 默认是整数;当标度不够时,FLOAT,DOUBLE 都会四舍五入,但 DECIMAL 会出现警告信息。

7.2.2　日期和时间类型

表示时间值的日期和时间类型为 DATETIME,DATE,TIMESTAMP,TIME 和 YEAR,常见日期和时间类型的范围和格式见表 7.4。每个时间类型有一个有效值范围和一个"零"值,当指定不合法的 MySQL 不能表示的值时使用"零"值。在默认格式中用"0"替换,例如,下列 date 的"零"值为"0000-00-00"。

表 7.4　常见日期和时间类型的范围和格式

类　型	大小(字节)	范　围	格　式	用　途
DATE	3	1000-01-01/9999-12-31	YYYY-MM-DD	日期值
TIME	3	'-838:59:59'/'838:59:59'	HH:MM:SS	时间值或持续时间

续表

类　　型	大小(字节)	范　　围	格　　式	用　　途
YEAR	1	1901/2155	YYYY	年份值
DATETIME	8	1000-01-01 00：00：00/9999-12-31 23：59：59	YYYY-MM-DD HH：MM：SS	混合日期和时间值
TIMESTAMP	4	1970-01-01 00：00：00/2038 结束时间是第 2147483647 秒,北京时间 2038-1-19 11：14：07,格林尼治时间 2038 年 1 月 19 日凌晨 03：14：07	YYYYMMDD HHMMSS	混合日期和时间值,时间戳

这些数据类型的主要区别如下:

①如果要用来表示年月日,通常用 DATE 来表示。

②如果要用来表示年月日时分秒,通常用 DATATIME 表示。

③如果只用来表示分秒,通常用 TIME 来表示。

④如果需要经常插入或者更新日期为当前系统时间,则通常使用 TIMESTAMP 来表示。TIMESTAMP 值返回后显示"YYYY-MM-DD HH：MM：SS"格式的字符串,显示宽度固定为 19 个字符,如果想要获得数字值,应在 TIMESTAMP 列添加"0"。

⑤如果只是表示年份,可以用 YEAR 来表示,它比 DATE 占有更少的空间。YEAR 有 2 位或 4 位格式的年。默认是 4 位格式。在 4 位格式中,允许的值是 1901～2155 和 0000。在 2 位格式中,允许的值是 70～69,表示从 1970—2069 年。MySQL 以 YYYY 格式显示 YEAR 值(从 5.5.27 开始,2 位格式的 YEAR 已经不被支持)。

可以使用任何常见格式指定 DATETIME,DATE 和 TIMESTAMP 值,'YYYY-MM-DD HH：MM：SS' 或 'YY-MM-DD HH：MM：SS' 格式的字符串。允许"不严格"语法:任何标点符号都可以用作日期部分或时间部分之间的间隔符。例如,'98-12-31 11：30：45','98.12.31 11＋30+45','98/12/31 11＊30＊45' 和 '98@12@31 11~30^45' 是等价的。

TIMESTAMP 类型有专有的自动更新特性。若定义一个字段为 TIMESTAMP,这个字段里的时间数据会随其他字段修改时自动刷新,所以这个数据类型的字段可以存放这条记录最后被修改的时间。TIMESTAMP 使用 Current_TimeStamp(),而 DATETIME 使用 NOW(来获取当前时间),输入 NULL 或无任何输入时,系统会输入系统当前日期与时间。

7.2.3　字符串类型

字符串类型指 CHAR,VARCHAR,BINARY,VARBINARY,BLOB,TEXT,ENUM 和 SET,常见字符串大小和用途见表 7.5。该节描述了这些类型如何工作以及如何在查询中使用这些类型。

表 7.5 常见字符串大小和用途

类 型	大 小	用 途
CHAR(M)	M 的范围 0 ~ 255 字节	定长字符串
VARCHAR(M)	M 的范围 0 ~ 65 535 字节	变长字符串
TINYBLOB	0 ~ 255 字节	不超过 255 个字符的二进制字符串
TINYTEXT	0 ~ 255 字节	短文本字符串
BLOB	0 ~ 65 535 字节	二进制形式的长文本数据
TEXT	0 ~ 65 535 字节	长文本数据
MEDIUMBLOB	0 ~ 16 777 215 字节	二进制形式的中等长度文本数据
MEDIUMTEXT	0 ~ 16 777 215 字节	中等长度文本数据
LONGBLOB	0 ~ 4 294 967 295 字节	二进制形式的极大文本数据
LONGTEXT	0 ~ 4 294 967 295 字节	极大文本数据
VARBINARY(M)	M 的范围 0 ~ 65 535 字节	变长字节字符串
BINARY(M)	M 的范围 0 ~ 255 字节	定长字节字符串
ENUM('value1','value2',…)	1 ~ 255 个成员需要 1 字节,256 ~ 65 535 个成员需要 2 字节,最多 65 535 个值	枚举类型,是一个字符串对象 numbers ENUM('a','b','c') 每次只能选取一个值
SET('value1','value2',…)	1 ~ 8 个成员 1 字节;9 ~ 16 个成员 2 字节;17 ~ 24 个成员 3 字节;25 ~ 32 个成员 4 字节;33 ~ 64 个成员 8 字节;最多 64 个成员	枚举类型,也是一个字符串对象 numbers set('a','b','c') 每次可以选取一个或多个值

CHAR 和 VARCHAR 类型类似,但它们保存和检索的方式不同。它们的最大长度和是否尾部空格被保留等方面也不同。在存储或检索过程中不进行大小写转换。

BINARY 和 VARBINARY 类似于 CHAR 和 VARCHAR,不同的是它们包含二进制字符串而不要非二进制字符串。也就是说,它们包含字节字符串而不是字符字符串。这说明它们没有字符集,并且排序和比较基于列值字节的数据。

BLOB 是一个二进制大对象,可以容纳可变数量的数据。有 4 种 BLOB 类型:TINYBLOB,BLOB,MEDIUMBLOB 和 LONGBLOB。它们的区别在于可容纳的存储范围不同。

有 4 种 TEXT 类型:TINYTEXT,TEXT,MEDIUMTEXT 和 LONGTEXT。对应的这 4 种 BLOB 类型,可存储的最大长度不同,可根据实际情况选择。

ENUM 和 SET 都是枚举类型。

7.3 MySQL 表结构的创建

本节以学生基本信息为中心,演示通过 MySQL-Front 创建表的过程。创建二维表格需要注意的因素如下:

首先,确定表的名称为学生信息表,按照数据库设计命名规范表名和字段名一般使用英文,学生信息表的表名为 studentinfo。学生表具有学生 ID(流水号)、学号、姓名、性别、家庭住址、固定电话、手机、E-Mail、QQ 号码、入学时间等属性。

其次,学生一般以班级为单位进行组织,一个学生只能隶属于一个班级,一个班级由若干名学生组成。需描述班级相关信息,班级信息表的表名为 classinfo,具有班级代码和班级名称等属性。

班级隶属于一个系部,一个班级只能属于一个系部,一个系部由一个或多个班级组成。需要描述系部相关信息,系部信息表名为 deptinfo,具有系部编码、系部名称、系部描述等属性。

在确定表的属性时,需要注意,表的属性为不可分割的最小单位,不可以若干属性组合为一个复合的属性。如将学号、姓名、性别组合为一个复合属性学生信息。确定完成表名及属性名称后,根据实际的数据和业务扩展情况确定数据类型、长度及必填数据项,必填数据项通过是否为空来进行约束。

表 7.6、表 7.7、表 7.8 从学生信息、班级信息和学院信息 3 个方面描述了学生的情况,很多读者可能有所疑问:为什么分解成 3 张表,只建立一张学生信息表难道不行吗? 由于本节只在于阐述表的创建,关于数据库设计的知识只作简单描述,详细参见数据库设计相关内容。如果一张表涵盖所有信息,在系部 ID、系部代码、系部名称、班级代码等信息中存在大量的数据冗余(即重复数据),同时存在插入异常、删除异常和更新异常。所以将一个表拆分成 3 个表,并在 studentinfo 中增加 class_ID,在 classinfo 中增加 dept_ID 来维持表间的关系。

表 7.6 studentinfo(学生信息表)

列 名	数据类型	长 度	是否允许为空	说 明
student_ID	int(自增列)		NO	学生 ID,主键
student_code	varchar	16	NO	学号
student_name	varchar	32	NO	姓名
student_sex	char	1	NO	性别,0 代表女,1 代表男
student_address	varchar	255	YES	家庭地址
student_phone	varchar	20	YES	固定电话
student_mobie	varchar	12	YES	手机

续表

列　名	数据类型	长　度	是否允许为空	说　明
student_email	varchar	30	YES	E-Mail
student_QQcode	varchar	30	YES	QQ 号码
student_birthday	date		YES	出生年月
student_indate	datetime		YES	入学日期
class_ID	int		NO	班级 ID

表 7.7　classinfo(**班级信息表**)

列　名	数据类型	长　度	是否允许为空	说　明
class_ID	int(自增列)		NO	班级 ID,主键
class_code	varchar	20	NO	班级代码
class_name	varchar	50	NO	班级名称
dept_ID	int		NO	系部 ID

表 7.8　deptinfo(**学院信息**)

列　名	数据类型	长　度	是否允许为空	说　明
dept_ID	int(自增列)		NO	学院 ID,主键
dept_code	varchar	16	NO	学院代码
dept_name	varchar	50	NO	学院名称
dept_desc	varchar	200	YES	学院描述

7.3.1　界面方式创建表

【例 7.1】　使用界面方式创建学生信息表 studentinfo,表结构设计参考表 7.3,具体操作步骤如下:

①打开图形化管理软件 MySQL-Front(图 7.2),选中"student"数据库,单击菜单"数据库"→"新建"→"表格"或在左边"student"对象上单击右键菜单"新建"→"表格",弹出窗口"添加表"。

②在"添加表"信息选项卡中(图 7.2)输入表名"studentinfo",表类型选择默认的 InnoDB,字符集也选择默认的 utf8。

③在"添加表"字段选项卡(图 7.3)中看到表中有个列名叫"ID"的主键字段,默认值"auto_increment"就是前面数据类型中提到的自动增长列。单击左上角"增加"字段图标,可

以弹出"添加字段"窗口,如图7.4所示。在图7.3字段显示列表中双击或单击右键"属性",可以对字段的相关属性进行修改,如图7.5所示。

图7.2 通过MySQL-Font界面方式创建表结构

图7.3 "添加表"字段选项卡

图7.4 添加字段窗口

图7.5 字段修改窗口

④按照表7.6 studentinfo(学生信息表)的表结构设计,将其他字段添加完成后,可以在对象浏览器窗口中进行查看,也可以在这里对字段进行添加、修改或删除,如图7.6所示。

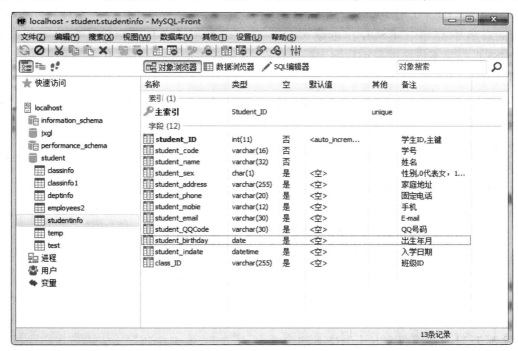

图7.6 在对象浏览器中对数据进行查看

7.3.2 命令方式创建表

创建表是指在已存在的数据库中建立新表。这是建立数据库最重要的一步,是进行其他表操作的基础。MySQL 中,创建表是通过 SQL 语句"CREATE TABLE"实现的。此语句的完整语法是相当复杂的,但在实际应用中此语句的应用较为简单。

其语法形式如下:

```
CREATE[TEMPORARY] TABLE[if not exists]表名(
    属性名    数据类型[列完整性约束条件],
    属性名    数据类型[列完整性约束条件],
    ……
    属性名    数据类型[列完整性约束条件]
)
[ENGINE = InnoDB]
[DEFAULT CHARSET = gbk];
```

语法剖析如下:

"TEMPORARY"为创建临时表的选项,如果创建正式表,可以不填此项。" IF NOT

EXISTS"选项可以用来检测表是否存在,该选项也可以省略。数据类型可以参考前面7.2的介绍,列完整性约束条件主要包括是否为空[NULL|NOT NULL]、主键[PRIMARY KEY]、自动增长列[AUTO_INCREMENT]、默认值[DEFAULT]等,完整性约束的设置原理和方法将在后面的章节中介绍。MySQL 在创建表时要指定表类型 ENGINE 和默认字符 DEFAULT CHARSET,如果不指定则采用数据库的默认设置,InnoDB 是 MySQL 在 Windows 平台默认的存储引擎。

【例7.2】 使用命令方式创建班级信息表 classinfo,主键定义列级完整性时指定,表结构设计参考表7.4。

```
CREATE TABLE classinfo
(
Class_ID int(11) AUTO_INCREMENT PRIMARY KEY COMMENT '班级 ID,自动增长列,主键',
Class_Code varchar(20) NOT NULL COMMENT '班级编码',
Class_Name varchar(50) NOT NULL COMMENT '班级名称',
Dept_ID int NOT NULL COMMENT '系部 ID'
)
```

自动增长列和主键属性本身就包含了列的非空性,因此,在定义时可以省略非空性的定义。

【例7.3】 使用命令方式创建系部信息表 deptinfo,主键在列定义完成后指定主键,表结构设计参考表7.8。

```
CREATE TABLE deptinfo
(
Dept_ID int AUTO_INCREMENT NOT NULL,        //系部 ID,指定为自增列
Dept_Code varchar(16) NOT NULL,             //系部代码
Dept_Name varchar(50) NOT NULL,             //系部名称
Dept_Desc varchar(200) ,                    //系部描述
PRIMARY KEY(Dept_ID)                        //指定主键
)
```

这种方式称为表级完整性主键约束定义。

7.4 MySQL 表结构的管理

在图形化工具 MySQL-Front 中对表结构的查看、修改和删除都十分方便,读者可以自行尝试,本小节主要是介绍在命令行方式对表结构的查看、修改和删除。

7.4.1　查看表结构

查看表结构是指查看数据库中已存在的表的定义。查看表结构的语句包括“DESCRIBE”语句和“SHOW CREATE TABLE”语句。通过这两个语句,可以查看表的字段名、字段的数据类型、完整性约束条件等。

(1)**查看表基本结构语句** DESCRIBE

MySQL 中,“DESCRIBE”语句可以查看表的基本定义。其中包括字段名、字段数据类型、是否为主键和默认值等。“DESCRIBE”语句的语法形式如下:

```
DESCRIBE 表名;
```

其中,DESCRIBE 可简写成 DESC,“表名”参数指明所要查看的表的名称。

【例 7.4】　利用 DESCRIBE 语句查看学生情况表 studentinfo 的定义结构。命令代码如下:

```
DESCRIBE studentinfo;或 DESC studentinfo;
```

执行命令后,结果显示如图 7.7 所示。

```
mysql> desc studentinfo;
+-----------------+--------------+------+-----+---------+----------------+
| Field           | Type         | Null | Key | Default | Extra          |
+-----------------+--------------+------+-----+---------+----------------+
| Student_ID      | int(11)      | NO   | PRI | NULL    | auto_increment |
| Student_Code    | varchar(16)  | NO   |     |         |                |
| Student_Name    | varchar(32)  | NO   |     |         |                |
| Student_Sex     | char(1)      | NO   |     |         |                |
| Student_Address | varchar(255) | YES  |     | NULL    |                |
| Student_phone   | varchar(20)  | YES  |     | NULL    |                |
| Student_Mobie   | varchar(12)  | YES  |     | NULL    |                |
| Student_Email   | varchar(30)  | YES  |     | NULL    |                |
| Student_QQCode  | varchar(30)  | YES  |     | NULL    |                |
| Student_InDate  | datetime     | YES  |     | NULL    |                |
| Class_ID        | varchar(255) | YES  |     | NULL    |                |
+-----------------+--------------+------+-----+---------+----------------+
11 rows in set (0.00 sec)
```

图 7.7　查看表结构语句执行结果

(2)**查看表详细结构语句** SHOW CREATE TABLE

MySQL 中,“SHOW CREATE TABLE”语句可以查看表的详细定义。该语句可以查看表的字段名、字段的数据类型、完整性约束条件等信息。除此之外,还可以查看表默认的存储引擎和字符编码。“SHOW CREATE TABLE”语句的语法形式如下:

```
SHOW CREATE TABLE 表名;
```

其中,“表名”参数指明所要查看的表的名称。

【例 7.5】　利用 SHOW CREATE TABLE 语句查看班级情况表 classinfo 的定义结构。命令代码如下:

```
SHOW CREATE TABLE classinfo;
```

执行命令后,结果显示如图 7.8 所示。

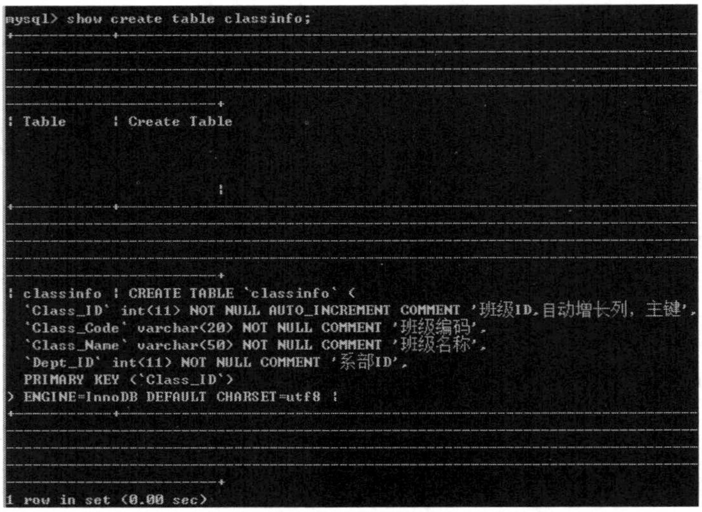

```
mysql> show create table classinfo;

| Table    | Create Table

| classinfo | CREATE TABLE `classinfo` (
  `Class_ID` int(11) NOT NULL AUTO_INCREMENT COMMENT '班级ID,自动增长列,主键',
  `Class_Code` varchar(20) NOT NULL COMMENT '班级编码',
  `Class_Name` varchar(50) NOT NULL COMMENT '班级名称',
  `Dept_ID` int(11) NOT NULL COMMENT '系部ID',
  PRIMARY KEY (`Class_ID`)
) ENGINE=InnoDB DEFAULT CHARSET=utf8 |

1 row in set (0.00 sec)
```

图 7.8　执行查看表详细结构运行结果

7.4.2　修改表

修改表是指修改数据库中已存在的表的定义。修改表比重新定义表简单,不需要重新加载数据,也不会影响正在进行的服务。MySQL 中通过"ALTER TABLE"语句来修改表。修改表包括修改表名、修改字段数据类型、修改字段名、增加字段、删除字段、修改字段的排列位置、更改默认存储引擎和删除表的外键约束等。本小节将详细讲解上述几种修改表的方式。

为了下一步操作,先执行如下语句,将 studentinfo 复制一张新表 student。

```
CREATE TABLE student LIKE studentinfo;
```

(1)修改表名

表名可以在一个数据库中唯一地确定一张表。数据库系统通过表名来区分不同的表。例如,数据库"student"中有"student"表。那么,"student"表就是唯一的。在数据库"student"中不可能存在另一个名为"student"的表。MySQL 中,修改表名是通过 SQL 语句"ALTER TABLE"实现的。其语法形式如下:

```
ALTER TABLE 旧表名 RENAME[TO]新表名;
```

【例 7.6】　将复制的新表 student 的表名改为 student1。命令代码如下:

```
ALTER TABLE student RENAME student1;
```

(2)修改字段的数据类型

字段的数据类型包括整数型、浮点数型、字符串型、二进制类型、日期和时间类型等。数据类型决定了数据的存储格式、约束条件和有效范围。表中的每个字段都有数据类型,有关数据类型的详细内容参见7.2。MySQL 中,"ALTER TABLE"语句也可以修改字段的数据类型。其基本语法如下:

```
ALTER TABLE 表名 MODIFY 属性名　数据类型;
```

【例7.7】　修改例7.6 中学生情况表 student1 的 student_name 字段的数据类型为 char 型,长度为 10。命令代码如下:

```
ALTER TABLE student1 MODIFY student_name char(10) NOT NULL;
```

(3)修改字段名及数据类型

字段名可以在一张表中唯一地确定一个字段。数据库系统通过字段名来区分表中的不同字段。例如,"student"表中包含"sno"字段。那么,"sno"字段在"student"表中是唯一的。"student"表中不可能存在另一个名为"sno"的字段。MySQL 中,"ALTER TABLE"语句也可以修改表的字段名。其基本语法如下:

```
ALTER TABLE 表名 CHANGE 旧属性名　新属性名　新数据类型;
```

其中,"旧属性名"参数指修改前的字段名;"新属性名"参数指修改后的字段名;"新数据类型"参数指修改后的数据类型,如不需要修改,则将新数据类型设置成与原来一样。

【例7.8】　修改例7.6 中学生情况表 student1 的 Student_Code 字段的字段名为 sno。命令代码如下:

```
ALTER TABLE student1 CHANGE Student_Code sno char(16) NOT NULL;
```

(4)增加字段

在创建表时,表中的字段就已经完成定义。如果要增加新的字段,可以通过"ALTER TABLE"语句进行增加。MySQL 中,"ALTER TABLE"语句增加字段的基本语法如下:

```
ALTER TABLE 表名 ADD 属性名1　数据类型[完整性约束条件][FIRST | AFTER 属性名2];
```

【例7.9】　向例7.6 中学生情况表 student1 新增一个存储学生年龄的字段 sage。命令代码如下:

```
ALTER TABLE student1 ADD sage int;
```

(5)删除字段

删除字段是指删除已经定义好的表中的某个字段。在表创建好之后,如果发现某个字段需要删除。可以采用将整个表都删除,然后重新创建一张表的做法。这样做是可以达到目的,但必然会影响表中的数据。而且,操作比较麻烦。MySQL 中,"ALTER TABLE"语句也可以删除表中的字段。其基本语法如下:

```
ALTER TABLE 表名 DROP 属性名;
```

【例7.10】　删除例7.9 中新增的 sage 字段。命令代码如下:

```
ALTER TABLE student1 DROP sage;
```

(6)更改表的存储引擎

MySQL 存储引擎是指 MySQL 数据库中表的存储类型。MySQL 存储引擎包括 InnoDB, MyISAM 和 MEMORY 等。在创建表时,存储引擎就已经设定好了。如果要改变,可以通过重新创建一张表来实现。这样做可以达到目的,但必然会影响表中的数据。而且,操作比较麻烦。MySQL 中,"ALTER TABLE"语句也可以更改表的存储引擎的类型。其基本语法如下:

```
ALTER TABLE 表名 ENGINE=存储引擎名;
```

【例 7.11】 将例 7.6 中学生情况表 student1 的存储引擎设置为 MyISAM。命令代码如下:

```
MYSQL>ALTER TABLE student1 ENGINE=MyISAM;
```

7.4.3 删除表

删除表是指删除数据库中已存在的表。删除表时,会删除表中的所有数据。因此,在删除表时要特别注意。MySQL 中,通过"DROP TABLE"语句来删除表。由于创建表时可能存在外键约束,一些表成为与之关联的表的父表。要删除这些父表,情况比较复杂,将在后面 7.5 中进行讲解。本节只讲解删除没有被关联的普通表的方法。

MySQL 中,直接使用"DROP TABLE"语句可以删除没有被其他表关联的普通表。其基本语法如下:

```
DROP TABLE 表名;
```

其中,"表名"参数是要删除的表的名称。

【例 7.12】 请删除 student1 表。在执行代码之前,先用"DESC"语句查看是否存在表,以便与删除后进行对比。"DESC"语句执行如下:

```
DESC student1;
```

然后,执行"DROP TABLE"语句删除表。执行结果如下:

```
DROP TABLE student1;
Query OK,0 rows affected (0.09 sec)
```

代码执行完毕,结果显示执行成功。为了检验数据库中是否还存在 student 表,使用"DESC"语句重新查看 student 表。查看结果如下:

```
DESC student1;
ERROR 1146(42S02): Table 'student.student1 doesn't exist
```

查询结果显示,student1 表已经不存在了,说明删除操作执行成功。

友情提醒:删除一个表时,表中的所有数据也会被删除。因此,在删除表时一定要慎重。

最稳妥的做法是先将表中所有数据备份出来,然后再删除表。一旦删除表后发现造成了损失,可以通过备份的数据还原表,以便将损失降到最小。

本章小结

本章主要介绍了 MySQL 的存储引擎、数据类型等基本知识。存储引擎的知识比较难理解,读者只要了解相应的知识即可。由于安装 MySQL 数据库的方式不同,造成默认存储引擎也就不同。因此,读者一定要了解自己的 MySQL 数据库在默认状况下使用哪一个存储引擎。表结构的创建和修改是本章的重点内容。读者应在计算机上练习创建和修改表结构的方法,创建表和修改表后一定要查看表的结构,这样可以判断操作是否正确,从而更加透彻地理解这部分的内容。在执行删除表操作时一定要特别小心,因为删除表的同时会删除表中的所有记录。

课后习题

1. 在第 6 章课后习题中已经创建了学生教学管理系统 jxgl 数据库,该数据库里有专业信息表 department 和学生表 students,请利用语句创建这两张表,表结构见表 7.9 和表 7.10。

表 7.9　专业信息表(department)

序　号	字段名	数据类型	长　度	是否允许为空	说　　明
1	d_no	char	8	NO	专业编号
2	d_name	char	8	NO	专业名

表 7.10　学生表(students)

序　号	字段名	数据类型	长　度	是否允许为空	说　　明
1	s_no	char	9	NO	学号
2	s_name	char	6	YES	姓名
3	sex	char	2	YES	性别,男和女
4	birthday	date	0	YES	出身日期
5	d_no	char	6	YES	所在专业

续表

序　号	字段名	数据类型	长　度	是否允许为空	说　明
6	address	varchar	20	YES	家庭地址
7	phone	varchar	20	YES	联系电话(手机11位)
8	photo	blob	0	YES	照片

2. 给教学管理系统 jxgl 数据库中的专业信息表 department 增加一个 d_id 字段,该字段为自动增长列。

3. 将教学管理系统 jxgl 数据库中的学生表 students 中所作专业字段 d_no 修改为 d_id。

4. 删除教学管理系统 jxgl 数据库中的学生表 students 中的照片字段 photo。

第8章　表数据的创建与维护

关系数据库中的所有数据存储在表中,表结构是对象集合的抽象,而表数据则是现实生活中对象的具体实现或描述。本章主要介绍如何在 MySQL 数据库中利用 SQL 语句向数据表中插入、修改和删除数据。

学习目标:

- 掌握表数据的插入;
- 掌握表数据的修改;
- 掌握表数据的删除。

8.1　插入数据

插入数据即向表中写入新的记录(表的一行数据即为一条记录)。插入的新记录必须完全遵守表的完整性约束,所谓完整性约束指的是,列是哪种数据类型,新记录对应的值就必须是这种数据类型,列上有什么约束条件,新记录的值也必须满足这些约束条件。若不满足其中任何一条,则可能导致插入记录不成功。

在 MySQL 中,可以通过"INSERT"语句来实现插入数据的功能。"INSERT"语句有两种方式插入数据:第一,插入特定的值,即所有的值都是在"INSERT"语句中明文确定的;第二,插入某查询的结果,其结果指的是插入表中的是哪些值,"INSERT"语句本身看不出来,完全由查询结果确定。

"INSERT"语句的基本语法如下:

```
INSERT INTO 表名[列名1,列名2,…]
[VALUES(值1,值2,…,值n)[,(值1,值2,…,值n),…]]        //插入特定的值
[查询语句]                                              //插入查询的结果
```

插入一条完整的记录可以理解为向表的所有字段插入数据,一般有两种方法可以实现:第一,只指定表名,不指定具体的字段,按字段的默认顺序填写数值,然后插入记录;第二,在表名的后面指定要插入的数值所对应的字段,并按指定的顺序写入数值。当某条记录的数据比较完整时,如 students 表有学号、姓名、性别、出生日期、系别、家庭地址、电话和照片 8 个列,而要插入的学生的 8 个字段信息都明确时,用第一种方法可以省略表的列名,直接输入数据。当某些记录有好几个字段值都不明确时,如学生"李勇"目前只知道姓名和性别,那就可以考虑用第二种方法,只指定输入这几个明确的信息,而不用顾虑真实表的字段顺序。

(1)**不指定字段名,按默认顺序插入数值**

在 MySQL 中,若想按默认的数值顺序插入某记录,可用如下语句:

```
INSERT INTO 表名 VALUES(值1,值2,…,值n);
```

特别注意:"VALUES"后面所跟的值列表必须和表的字段前后顺序一致,且数据类型匹配。若某列的值允许为空,且插入的记录此字段的值也为空,则必须在"VALUES"后面跟上"NULL"。

【例 8.1】 在第 7 章例 7.3 中创建了学院信息表 deptinfo,重庆工程学院的软件学院编号是"D001",现需要将此学院的信息加入学院信息表中。

"MySQL"已知的信息有学院名称、学院编号和描述("重庆工程学院"),学院编号是学校为其分配的,自增长列可设置为 1。deptinfo 表需要的 4 个字段信息目前都有了,那么就可以省略表的字段名,然后按字段默认顺序插入数据。

在插入数据之前,最重要的一点就是明确 deptinfo 表的字段顺序及各字段的数据类型。要实现此目标必须要经过以下几个步骤。

第一步,进入 student 数据库:

```
USE student;
```

第二步,使用"DESC"查看 deptinfo 表的结构:

```
DESC deptinfo;
```

从 deptinfo 表的结构中,可以分析得出以下结论:

①表中字段的前后顺序(Field)。如本表第一个字段是"dept_ID",第二个字段是"dept_code",第三个字段是"dept_ name",第四个字段是"dept_desc"。在不指定字段顺序的情况下向表中插入数值,数据的顺序必须与表中默认字段顺序相一致(也就是说数据的顺序是:学院 ID、学院编号、学院名称、学院描述)。

②字段的数据类型(type)。例如,"dept_ID"为整型且自动增长列,可以指定在表中没有出现过的数字或由则该字段只接收整形数字;"dept_code"和"dept_name"为 varchar(16)和 varchar(50),即字段最长接收 16 个字符和 50 个字符;字符型数值(不管是 char 还是 varchar)在插入时,必须用单引号' '引起来。

③每一个字段是否允许为空(NULL)。若某字段不允许为空,且无默认值约束(DEFAULT),则表示向此表插入一记录时,此字段必须写入值,否则插入数值不成功。若某

字段不允许为空,但它有默认值约束,则在用户不写入值的情况下自动用默认值代替。

④约束(KEY)。本表只涉及主键约束(PRI),即表示表中此列的值不允许重复。

为了验证数据是否插入成功,可以在插入新数据之前使用如下的"SELECT"语句先查看表中已有的数值。

```
SELECT *  FROM deptinfo;
```

现用"INSERT"语句插入本课程信息:

```
INSERT INTO deptinfo
VALUES(1,'D001','软件学院','重庆工程学院');
```

在上面的语句中需要特别注意符号数值是否需要单引号,还有符号是否是半角。如果稍不注意就可能引起错误。所以,在插入数值时应特别注意待插入值的数据类型。一般来说,字符型(char,varchar)和日期时间型(date 等)都得在值的前后加单引号,只有数值型(int,float 等)的值前后不用加符号。

除了注意符号问题外,还要注意数值的前后顺序是否和字段的前后顺序相一致,若不一致,则可能导致数据插入位置错误或直接提示插入数据不成功。

插入数据成功后再使用"SELECT"语句查询 deptinfo 表,可以发现多了一行"MySQL"的数据。

若某记录完整(即每一个字段都有值),则可以用上面的方法将每一个值分别对应其字段写入"VALUES"子句后。但是现实生活中经常有一些记录的数据并不完整,那么就得在上面的代码中作适当的调整。

【例8.2】　在 deptinfo 表中,需再插入一条计算机学院的信息,学院描述不是很清楚。

按上述方法,有些读者可能会编写如下所示的 SQL 语句:

```
INSERT INTO deptinfo
VALUES(2,'D002','计算机学院');
```

语句运行的结果却会出现"column count doesn't match value count at row 1"的错误。

为什么会出现这个现象? 因为"INSERT"语句后面只有表的名字而省略了字段名,则意味着按照表中的字段的原始顺序逐一地将 VALUES 后面的值写入。deptinfo 表有 4 个字段,而上面语句的 VALUES 部分却只有 3 个值,4 和 3 并不匹配,所以计算机不知道该如何插入数据,最后导致报错。

那么如何解决这个问题呢? 其实,只要"INSERT"语句后面的字段个数和"VALUES"语句后面的值的个数匹配(数量和数据类型都得匹配),插入语句就能成功。所以应将后面没有值的部分写为"NULL",表示空值即可。最终的 SQL 语句为:

```
INSERT INTO deptinfo
VALUES(2,'D002','计算机学院',null);
```

此"INSERT"语句执行后,再次查询表中数据,即可在最后一行看到"计算机学院"的信息了。

（2）指定字段名，按指定顺序插入数值

在例 8.1 中，按照 deptinfo 表字段的顺序完整地将要插入的值写在"VALUES"语句的后面，其实，在"INSERT"语句中，表名后面如果按表中的字段顺序跟上字段名与不跟任何字段名是一样的意义。例如下面这条语句。

```
INSERT INTO deptinfo
VALUES(1,'D001','软件学院','重庆工程学院');
```

也可以写为：

```
INSERT INTO deptinfo(dept_ID,dept_code,dept_name,dept_desc)
VALUES(1,'D001','软件学院','重庆工程学院');
```

前一种写法比后一种写法更简洁，但是后一种写法却比前一种更能使用户理解。

既然这样，是否可以通过修改表名的字段名的顺序，从而修改"VALUES"后面所跟的值的顺序呢？

这种想法完全可以，除了按默认的字段顺序输入数值外，还可指定输入数值的顺序。即在表名后指定要插入数值的字段名，这在某些数据库系统的前台数据调用过程中用得很多。其语法格式为：

```
INSERT INTO 表名(字段名1,字段名2,…,字段名3)
VALUES(值1,值2,…,值n);
```

注意："值1"必须和"字段名1"相匹配，"值2"和"字段名2"相匹配，以此类推。也就是说，例 8.1 还可以写成：

```
INSERT INTO deptinfo(dept_code,dept_name,dept_desc,dept_ID)
VALUES('D001','软件学院','重庆工程学院',1);
```

读者还可以随意地改变 deptinfo 表名后面的字段名顺序。只要保证字段名和"VALUES"后面的值其顺序完全一致即可。

若插入的某记录很多字段对应的值都为空，则可以考虑在"INSERT"语句中直接省略值为空的字段名，只列出有值的字段。例如，在学生信息表 studentinfo 中，发现"电话""家庭地址"等字段的值为空，如果可以不写入空值的话，就能节约时间。

【例 8.3】 学校新进一名学生，目前只知道他的学号和名字是"16900101 李驯"，是一名男生，其他信息暂时不知。现在请将此学生已知的信息插入学生表 studentinfo 中，其他信息以后再修改。

对第 7 章表 7.6 studentinfo（学生信息表）的表结构分析，发现 studentinfo 表需要 12 个字段，不能为空的有 4 个字段，而此学生只有 3 个属性值可知，student_ID 由系统自动生成，设计表时对男生用字符'1'表示，女生用字符'0'表示。如果用例 8.1 的方法来插入此学生的信息，就会出现多个"NULL"。此时就可以考虑在"INSERT"语句中直接省略为空的字段名，只列出有值的字段，然后在"VALUES"语句后面写上与字段名相匹配的数值。

可直接用以下 SQL 语句实现：

```
INSERT INTO studentinfo (student_code,student_name, student_ sex)
VALUES('16900101',' 李驯 ','1');
```

代码执行成功后，再查询 studentinfo 表。可以看到在第一行的位置添加了一条记录，除了指定的 3 个字段的值以外，"student_ID"是自增长列，如不指定时由系统自动生成，其他字段的值为"NULL"。这是因为"student_ID"字段上有主键约束，不允许为"NULL"，其他字段允许为"NULL"，在不输入值的情况下，系统自动将一个"NULL"插入表中。

（3）同时插入多条记录

大多数情况下，用户不会只插入一条记录，若每插入一条记录都写一条"INSERT"语句，这会让插入工作显得烦琐。可用以下格式一次性插入多条语句：

```
INSERT INTO 表名[(字段列表)]
VALUES( 取值列表 1),( 取值列表 2),…,( 取值列表 n);
```

【例 8.4】 169001 班有 4 名学生到学校报到，他们的信息分别如下所示：

16900129，赵菁菁，女，出生于 1998 年 8 月 10 日；

16900130，李勇，男，出生于 1999 年 2 月 24 日；

16900131，张力，男，出生于 1998 年 6 月 12 日；

16900132，张衡，男，出生于 1999 年 1 月 4 日。

如何更快地将这些数据插入数据库的表中呢？

这 4 名学生的数据类型其实是一样的（都有学号、姓名、性别、出生日期），此时可以将 4 名学生的数据按相同的结构（顺序）写入"VALUES"语句后面，然后用逗号隔开，就可以实现 4 条记录同时插入。

```
INSERT INTO studentinfo (student_code,student_name, student_ sex,student-brithday)
VALUES
('16900129', ' 赵菁菁 ', '0', '1998-08-10'),
('16900130', ' 李勇 ', '1', '1999-02-24'),
('16900131', ' 张力 ', '1', '1998-06-12'),
('16900132', ' 张衡 ', '1', '1999-01-04');
```

在上面的语句中一定要注意，一个"INSERT"语句只能配一个"VALUES"语句，如果要写多条记录，只需要在取值列表（即小括号中的值）后面再跟另一条记录的取值列表。

上面讲述了常见数据插入的方法和容易出现的问题，其实数据插入过程考察了程序员或数据库管理员对整个数据库逻辑结构的设计思想，不仅会受到数据类型、主键、外键的限制，还会受到后面讲述完整性约束的制约。

8.2　修改数据

表中已经存在的数据也可能会出现需要修改的情况。此时,我们就可以只修改某个字段的值,而不用再去管其他数据。但是在修改数据的过程中,必须先明确两点:第一,需要修改哪些值? 即修改的数据其所在行要满足什么样的条件? 第二,需要修改成什么值? 这两点明确了,就可以灵活地对表中数据进行更新了。否则,可能导致误修改到其他的数据。修改数据可用"UPDATE"语句实现。其语法格式为:

```
UPDATE 表名
SET 字段名1 = 修改后的值1[,字段名2 = 修改后的值2, …]
WHERE 条件表达式;
```

若将上面的语句用通俗的语言进行描述,就可以简化为:修改××表,将满足条件表达式的那些记录(行)中"字段名1(列)"的值改为修改后的"值1","字段名2(列)"的值改为修改后的"值2",等等。

修改数据的操作可以看成把表先从行的方向上筛选出那些要修改的记录,然后将筛选出来的记录的某些列的值进行修改。

注意:不能修改自增长列和主键列。

(1)修改一个字段的值

若数据表中只有一个字段的值需要修改,则只需要在"UPDATE"语句的"SET"子句后跟一个表达式(即"字段名 = 修改后的值"的形式)。

【例8.5】　在例8.4中插入的学生"李勇"进校之后更换了手机号码,现在的号码是"18923456789",请将其在 student 表中的数值作相应的修改。修改数值之前,可以使用"SELECT"语句查询李勇的信息,发现入校时并没有登记手机号码。

①明确要改哪个表中的值? 结论:studentinfo 表。代码:"UPDATE studentinfo"。

②明确要修改的是哪些记录(行)的值? 结论:姓名为"李勇"的那条记录。代码:"WHERE student_name = '李勇'"。

③明确要修改记录的哪个字段的值? 改成什么? 结论:student_mobile 字段的值改为"18923456789"。代码:"SET student_mobile = '18923456789'"。

将上述3个步骤的语句进行整合,即为最终的 SQL 执行语句:

```
UPDATE studentinfo
SET student_mobile = '18923456789'
WHERE student_name = '李勇';
```

修改成功后,再用"SELECT"语句查询李勇的信息,发现电话号码已经被成功修改。如果学校里面有几名同学都叫李勇,这时所有叫李勇的学生电话号码都会被改变,因此,在本案例中修改李勇的基本信息,最好的方式是利用学号来确定是修改真正需要修改的信息,只需在 WHERE 子句修改成学号即可。

注意:在"UPDATE"语句中只要不加"WHERE"语句,即为无条件,代表所有记录,即是学生 studentinfo 表中的所有学生信息。

(2)修改几个字段的值

有时,某些记录可能需要同时修改多个字段的值,那么此时可将所有待修改的表达式都放在"SET"语句后面,然后用逗号把它们隔开。

【例 8.6】　在例 8.4 中插入学生"张力",需用修改他的家庭地址为重庆市巴南区,电话号码为"19923456789"。

此例和例 8.5 要修改的值和条件差不多,只是多修改一个家庭地址,所以只需在"SET"语句后面将地址也作相应的修改即可。

```
UPDATE studentinfo
SET student_address ='重庆市巴南区', student_mobile ='1992345678'
WHERE student_name='张力';
```

成功执行"UPDATE"语句后,再查看 student 表,张力的信息已经修改成功。

8.3　删除数据

DELETE 命令用于删除指定数据的记录行,而不能删除列。可以一次删除多行,这主要是根据后面所带的条件来判断。如果查询语句查询出来的行有多个。若不带条件,会把表中的所有数据都删除掉,在业务中,一般不会这么做。

删除表中的数据可以用 DELETE 语句来实现。其语法格式如下:

```
DELETE[FROM]表名
[WHERE 条件]
```

(1)删除指定行

【例 8.7】　将学院信息表 deptinfo 中的"电子信息学院"删除。

```
DELETE FROM deptinfo
WHERE dept_name='电子信息学院';
```

删除之后,数据库中的数据会把符合条件的记录进行删除,利用查询语句查看 deptinfo 表中的数据,会发现学院名叫"电子信息学院"的数据已被删除。

（2）删除所有行

为了下一步操作，先执行如下语句，将 deptinfo 复制一张新表 department。

```
CREATE TABLE department LIKE deptinfo;
```

【例8.8】 将示例数据库 student 中刚创建的部门信息表 department 的所有记录进行删除。

```
DELETE FROM department
```

在没有 WHERE 子句的情况下，删除了 department 表中的所有数据，但是在删除数据之前，最好再一次确定这个表是否真的不需要了，因为这种删除方式，找回数据几乎不可能，所以要慎用不带 WHERE 子句的删除语句。

8.4　数据完整性概述

数据库的完整性包括数据库的正确性与数据库的相容性。完整性检查和控制的防范对象主要是不合语义、不正确的数据，防止它们进入数据库。完全性控制的防范对象是非法用户和非法操作。防止它们对数据库中的数据进行非法的获取。

关系数据库的完整性规则是数据库设计的重要内容。绝大部分关系型数据库管理系统 RDBMS 都可自动支持关系完整性规则，只要用户在定义（建立）表的结构时，注意选定主键、外键及其参照表，RDBMS 可自动实现其完整性约束条件。数据的完整性主要包括域完整性、实体完整性、参照完整性和用户自定义完整性4种。

（1）域（列）完整性

域完整性（Domain Integrity）是对数据表中字段属性的约束，通常指数据的有效性，包括字段的值域、字段的类型及字段的有效规则等约束。它是由确定表结构时所定义的字段的属性决定的。限制数据类型、缺省值、规则、唯一约束、是否可以为空、域完整性可以确保不会输入无效的值。

域完整性约束，通过表的创建过程中，定义在列上的约束条件来限制，主要包括以下3种：

①列值非空（NOT NULL）：NULL 或 NOT NULL。指定表中的属性列是否为空，控制用户必须输入的列，默认值为 NULL。

②列值唯一（UNIQUE）：唯一性约束，指定表中列保持唯一值即不能出现重复。

③默认值（DEFAULT）：DEFAULT 约束为某一列指定了默认值，当向表中输入数据记录时，可以不输入该列数据值，而采用默认值。

（2）实体（行）完整性

实体完整性（Entity Integrity）是对关系中的记录唯一性，也就是主键的约束。准确地说，实体完整性是指关系中的主属性值不能为 NULL 且不能有相同值。定义表中的所有行能唯一的标识，一般用主键，唯一索引 UNIQUE，自增长列等属性。例如身份证号码，可以唯一标识一个人。

实体完整性规则要求。若属性 A 是基本关系 R 的主属性，则属性 A 不能取空值，即主属性不可为空值。其中的空值（NULL）不是 0，也不是空格或空字符串，而是没有值。实际上，空值是指暂时"没有存放""不知道"或"无意义"的值。由于主键是实体数据（记录）的唯一标识，若主属性取空值，关系中就会存在不可标识（区分）的实体数据（记录），这与实体的定义矛盾，而对于非主属性可以取空值（NULL），因此，将此规则称为实体完整性规则。

实体完整性规则说明如下：

①实体完整性规则是针对基本关系而言。一个基本表通常对应现实世界的一个实体集。

②现实世界的实体是可以区分的，即它们具有某种唯一性标识。

③关系模型中通常是以主码作为唯一性标识。

④主码中的属性即主属性不能取空值。如果主属性取空值，就说明存在某个不可以标识的实体，即存在不可区分的实体。

讨论学生信息实体。学生实体具有学号、姓名、性别、年龄、班级等属性。同一班级有可能出现姓名、性别、年龄都相同的同学。为了区分相同姓名的同学信息，一般会为每位同学编一个唯一区分的标识，这个标识就是学号。学号的作用是为了保证每位同学的数据唯一性，从实体完整性规则的角度看，如果学生编号不唯一或者为空值（NULL），就说明学生这个实体不可标识。从现实的角度看，如果存在 100 万条学生信息，现在需要查找姓名为郭林同学的信息，假如查询结果为 10 条，如何界定哪条信息是你想要查找的郭林同学的信息，就只有为每位同学分配一个唯一标识，通过唯一标识来进行查找，才能快速查找想要的同学信息。正是由于有了学号这个唯一标识，才能使数据查找、数据更新、数据删除等效率得到提高。

关于唯一标识也就是主键的选取问题，是数据库设计范畴讨论的问题，这里只作简单说明。从候选码的概念可以得出一个结论，只要能唯一标识一个元组就可作为候选码。学生信息表中学号和学生 ID 都能唯一标识一个实体。也就是说，都能保证学生信息中每行记录的唯一性，所以都是候选码。选择学号作为主键的优点显而易见，即使不进行任何验证也不会出现学号重复的数据，因为主键约束会通过 B 树索引检索所有数据学号数据，如果学号重复将不允许数据进入数据库。如果选取学生 ID 作为主键，情况就发生了变化，很多读者可能对选取学生 ID 作为主键非常不理解。首先学生 ID 是一个标识列，由数据库自动生成，能保证数据的唯一性，但只是一个流水号无任何意义。因为学生 ID 无意义，所以不能像学号作为主键那样保证学号的唯一性。但使用整数相关类型作为主键可提高检索和数据更新的效率，并且提高多表连接的效率，因此在数据库实现过程中通常用 ID 来作为表的主键。

（3）参照完整性

参照完整性（Referential Integrity）属于表间规则。对于永久关系的相关表，在更新、插入或删除记录时，如果只改其一，就会影响数据的完整性。如删除父表的某记录后，子表的相应记录未删除，致使这些记录成为孤立记录。对于更新、插入或删除表间数据的完整性，统称为参照完整性。通常，在客观现实中的实体之间存在一定联系，在关系模型中实体及实体间的联系都是以关系进行描述的，因此，操作时就可能存在着关系与关系间的关联和引用。

在关系数据库中，关系之间的联系是通过公共属性实现的。这个公共属性经常是一个表的主键，同时是另一个表的外键。参照完整性体现在两个方面：实现了表与表之间的联系，外键的取值必须是另一个表的主键的有效值，或是"空"值。

参照完整性规则（Referential Integrity）要求：若属性组 F 是关系模式 R1 的主键，同时 F 也是关系模式 R2 的外键，则在 R2 的关系中，F 的取值只允许两种可能：空值或等于 R1 关系中的某个主键值。R1 称为"被参照关系"模式，R2 称为"参照关系"模式。

注意：在实际应用中，外键不一定与对应的主键同名。

以学生信息表、班级信息表和系部信息表进行外码或外键概念的解释，表间关系如图8.1 所示。班级 ID 是学生信息表的一个属性，但不是学生信息表的主码；班级 ID 是班级信息表的一个属性同时为班级信息表的主码，班级信息表的班级 ID 属性与学生信息表的班级 ID 相对应，则称班级信息表的班级 ID 是学生信息表的班级 ID 的外码。

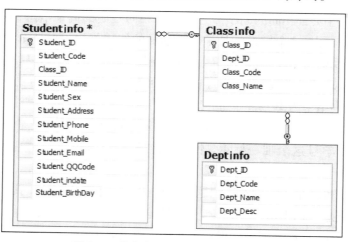

图8.1　学生表、班级表、系部表的关系

系部 ID 是班级信息表的一个非主码属性，系部 ID 是系部信息表的主码。由于系部信息表的系部 ID 与班级信息表的系部 ID 相对应，所以系部信息表的系部 ID 是班级信息表的系部 ID 的外码。班级信息表为参照表，系部信息表为被参照表或目标表。

外码要求目标关系的主码与参照关系的外码必须在同一域（取值范围）上。例如，系部信息表的系部 ID 与班级信息表的系部 ID 同为 int 类型。

外键约束定义好之后，添加或修改表中的数据记录时，外键列上的数据值要么是被参照表中的主键值,要么为 NULL。表间一旦建立了外键约束,多个表插入数据和删除数据的顺序将发生变化。插入数据时先插入主键表的数据再插入外键表的数据;删除数据时刚好相反,先删除外键表的数据再删除主键表的数据。

(4)用户定义完整性

关系模型要求任何关系数据库系统都应该支持实体完整性和参照完整性。实体完整性保证关系数据库中每个表中的记录都是唯一的。参照完整性保证相互关联的数据表之间的数据保持一致。除此之外,不同的关系数据库系统根据其应用环境的不同,往往还需要一些特殊的约束条件。用户定义的完整性就是针对某一具体关系数据库的约束条件。

用户定义完整性(User-Defined Integrity)使用户可以定义不属于其他任何完整性类别的特定业务规则。所有完整性类别都支持用户的定义完整性,可以涵盖实体完整性、域完整性、参照完整性等完整性类型。例如,在使用 CREATE TABLE 创建表时定义的所有列级约束和表级约束。另外,其他存储过程以及触发器都可以定义完整性。

8.5　完整性约束的管理

在 MySQL 中,主要有 PRIMARY KEY(主键约束)、FOREIGN KEY(外键约束)、UNIQUE(唯一约束)、DEFAULT(默认值)4 种,目前 MySQL 不支持 CHECK(检查约束),但是为了与其他系统的兼容性,写上创建检查约束的语句也不会报错。前面在 7.3 节中创建表时已经对创建主键的方法进行了案例讲解,当时定义主键时是采用的列级约束,这里将介绍表级约束的语法如下:

```
CREATE TABLE <表名>
(
<字段1> <数据类型1>[<列级约束>],
[,……]
[,<表级约束>]
)
```

表级约束的语法格式如下:

```
[CONSTRAINT 约束名]约束类型//约束名省略之后由系统生成,一般为列名
```

对一个数据列建立的约束,称为列级约束。对多个数据列建立的约束,称为表级约束。列级约束既可以在列定义时声明,也可以在列定义后声明。表级约束只能在列定义后声明。一般情况下,NOT NULL 和 DEFAULT 使用列级约束。而主键、外键和唯一约束既能使用表级约束,又能使用列级约束。

8.5.1 默认值约束

DEFAULT 约束提供了一种为数据表中的任何一列提供默认值的手段。如果用 DEFAULT 约束为某一列指定了默认值,则当向表中输入数据记录时,可以不输入该列数据值,而采用默认值。

【例 8.9】 给学生信息表 studentinfo 中学生的性别设置默认值。

这时分两种情况,如果学生表还没有创建,可以在创建表时指定默认值。其代码如下:

```
Create Table studentinfo
  (
    student_ID int AUTO_INCREMENT,
    student_code varchar(16) NOT NULL,      //学号,唯一约束
    student_name varchar(32) NOT NULL,      //姓名
    student_sex char(1) ,                   //性别,默认值为1
  )
```

当表结构已经创建成功时,这时只能用修改表结构的语句来设置默认值。其代码如下:

```
ALTER TABLE Studentinfo MODIFY student_sex char(1) DEFAULT '0';
```

8.5.2 主键约束

主键用 PRIMARY KEY 表示,通常一个表必须指定一个主键,也只能有一个主键,可以指定一个字段作为表的主键,也可以指定两个或两个以上的字段作为表的主键,其值能唯一标识表中的每一行,因此构成主键的字段值不允许为空,值或者值的组合不允许重复。

我们可以在创建表时创建主键,也可以对一个已有表中的已有主键进行修改或者为没有主键的表增加主键。设置主键通常有两种方式,即表的完整性约束和列的完整性约束。

(1)表的完整性约束主键

【例 8.10】 创建课程信息表 courseinfo,表结构见表 8.1。

表 8.1　courseinfo(课程信息)

列　　名	数据类型	长　　度	是否允许为空	说　　明
course_ID	int（自增列）		NO	课程 ID,主键
course_code	varchar	16	NO	课程代码
course_name	varchar	50	NO	课程名称
course_credit	int		NO	课程学分

续表

列　名	数据类型	长　度	是否允许为空	说　明
course_type	char	1	NO	课程类型
course_limit	int		NO	限选人数
course_period	int		YES	开课学时
course_phase	varchar	30	YES	学习阶段

```
CREATE TABLE courseinfo(
    course_ID int auto_increment,      //PRIMARY KEY
    dept_ID int NULL,
    course_code varchar(16) NOT NULL COMMENT '课程代码',
    course_name varchar(50) NOT NULL COMMENT '课程名称',
    course_credit int NOT NULL COMMENT '课程学分',
    course_type char(1) NOT NULL COMMENT '课程类型',
    course_limit int NOT NULL COMMENT '限选人数',
    course_period int NULL COMMENT '开课学时',
    course_phase varchar(30) NULL COMMENT '学习阶段',
    CONSTRAINT COURSEPK PRIMARY KEY(course_ID)
) ENGINE = InnoDB DEFAULT CHARSET = gbk;
```

其中的 PRIMARY KEY（course_ID）就是制定 courseinfo 表的 course_ID 字段被设定为该表的主键,采用的是表级完整性约束。CONSTRAINT COURSEPK 部分不是必需的,只是以一种显式的方式说明 PRIMARY KEY(course_ID)是一个约束,并且约束被命名为 COURSEPK,如果省略这个,系统将自动为该主键命名。

本例也可以采用列级完整性约束,即直接在 course_ID 后面加入关键字 PRIMARY KEY,但是在 MySQL 中列级约束是不能取约束名,在 SQL Server 数据库中是可以的。

（2）复合主键

【例 8.11】　创建临时表 temp,用 ID 和 name 字段作为复合主键。

```
CREATE TABLE temp(
ID int,
name varchar(20),
pwd varchar(20),
PRIMARY KEY(ID,name)
);
```

注意:当表中有两个以上的字段做主键时,只能定义成表级约束,不能定义成列级约束。

（3）修改表的主键

【例 8.12】 修改临时表 temp，删除原来的主键，增加新的主键。

```
ALTER TABLE temp
DROP PRIMARY KEY;


ALTER TABLE temp
ADD CONSTRAINT PK_temp PRIMARY KEY(ID);
```

如果表 temp 在定义时未指定主键，这时也可以用 MODIFY 关键字将主键修改为 ID，代码如下：

```
--修改表结构增加主键约束
ALTER TABLE temp MODIFY ID int PRIMARY KEY;
```

8.5.3 唯一约束

唯一约束用 UNIQUE 表示，唯一约束又称为替代键，是没有被选作主键的候选键，替代键与主键一样，是表的一列或一组列，它们的值在任何时候都是唯一的。唯一约束与主键的区别在于一个表可以有多个唯一约束，并且唯一约束的列可以为空值。设置唯一约束也可以使用表的完整性约束和列的完整性约束两种方式。

【例 8.13】 创建一张雇员表 employees，并同时创建它的主键约束与唯一约束。

```
CREATE TABLE employees(
    employeeID char(6) NOT NULL,
    ename char(10) NOT NULL,
    esex char(2),
    education char(6),
    CONSTRAINT PK_ID PRIMARY KEY(employeeID),
    CONSTRAINT UN_name UNIQUE(ename)       //表级约束
);
```

或者

```
CREATE TABLE employees2(
    employeeID char(6) NOT NULL PRIMARY KEY,
    ename char(10) NOT NULL UNIQUE,        //后面直接跟 UNIQUE 为列级约束
    esex char(2),
    education char(6)
);
```

【例 8.14】 给学生信息表 studentinfo 的 student_code 列添加唯一约束。

```
ALTER TABLE studentinfo
ADD CONSTRAINT UN_scode UNIQUE(student_code);
```

唯一约束不允许出现重复的值,但是可以为多个 NULL。同一个表可以有多个唯一约束,多个列组合的约束。在创建唯一约束时,如果不给唯一约束名称,就默认和列名相同。

8.5.4　外键约束

外键约束是保证一个或两个表之间的参照完整性,外键是构建于一个表的两个字段或两个表的两个字段之间的参照关系。创建外键时,主要是为外键定义参照语句 reference_definition,语法格式如下:

```
REFERENCES tbl_name (index_col_name,…)
[ON DELETE reference_option]
[ON UPDATE reference_option]


其中 reference_option:
{RESTRICT | CASCADE | SET NULL | NO ACTION}
```

说明:

①外键被定义为表的完整性约束,reference_definition 中包含了外键所参照的表和列,还可以声明参照动作。

②RESTRICT:限制,当要删除或更新父表中被参照列上的,且已经在外键中出现了的值时,拒绝对父表的删除或更新操作。

③CASCADE:级联,从父表删除或更新在外键中出现的值时,自动删除或更新子表中匹配的行。

④SET NULL:置为空,当子表相应字段设定为 NOT NULL 时,从父表删除或更新在外键中出现的值时,自动将子表中对应的值设置为 NULL。

⑤NO ACTION:不动作,与 RESTRICT 一样,不允许删除或更新父表中已经被子表参照了的值。

⑥参照动作不是必需的,可以不设定,不声明时效果与 RESTRICT 一样。

(1)在创建表时创建外键

【例 8.15】　创建班级信息表 classinfo1,同时创建它的主键和外键。

```
CREATE TABLE classinfo1(
   sno char(9) NOT NULL REFERENCES student(sno) ON UPDATE CASCADE ON DELETE CASCADE,
   cno char(4) NOT NULL,
   grade float(5,1),
   CONSTRAINT PK_sc PRIMARY KEY (sno,cno),
```

```
        CONSTRAINT FK_sc2 FOREIGN KEY (cno) REFERENCES course(cno) ON UPDATE CASCADE ON
DELETE CASCADE
    );
```

（2）在修改表时创建外键

【例8.16】 修改学生信息表 studentinfo，为用 sno 和 cno 字段添加外键。

```
    ALTER TABLE sc
    ADD CONSTRAINT FK_sc1 FOREIGN KEY(sno) REFERENCES student(sno) ON UPDATE CASCADE ON
DELETE CASCADE,
    ADD CONSTRAINT FK_sc2 FOREIGN KEY(cno) REFERENCES course(cno) ON UPDATE CASCADE ON
DELETE CASCADE;
```

在数据库中表与表之间的逻辑关系主要靠外键约束来制约，如创建。

本章小结

本章重点介绍了在 MySQL 数据库已有的表结构中插入数据、修改数据和删除数据的 SQL 语句。在插入数据时不仅要注意数据类型，还要注意自动增长列和默认值。对于表数据的合理性和可靠性，通常还要注意表之间数据的关联关系，这就是这一章的难点，如何保证数据的完整性，需要读者在实际项目中去体会表之间的关系，针对不同的业务规则制定完整性约束，完整性约束进行管理时可以考虑建设表的时候创建，也可以在业务数据需要插入时进一步添加或管理。添加了完整性约束的外键关系之后，就要求数据的插入顺序是先插入主键表的数据，然后再添加外键表中对应的数据，两个字段的列名可以不一样，但是对数据类型的要求必须一致，否则插入数据时就会报错。

课后习题

1. 创建一个学生表，命名为 student2，列名分别为姓名、学号、性别、出生日期、籍贯。各列的数据类型自定义（请仔细分析每个字段使用什么数据类型最合适，然后说明原因）。创建完成后，实现如下操作要求：

（1）插入一条记录（刘晨、10003、女、1983-6-5、成都）。

（2）将年龄字段设置默认值为"SYSDATE（ ）"。

（3）在"学号"字段添加主键约束，然后在表中插入一条记录，学号为"100001"，其他数据自定义。

（4）将所有学生的出生日期加上一年。

（5）将学号为"001"的学生的出生地址改成"重庆"。

（6）删除学号为"001"的学生记录。

2. 完善学生教学管理系统数据库（jxgl）的表、表的约束、表数据，在第 7 章习题中已经有学生表 students 和专业信息表 departments，在这里添加课程表 course（表 8.2）和学生成绩表 score（表 8.3），为后续任务做准备。利用 SQL 语句分别向这 4 张表插入 2 条数据，请简单描述插入数据的先后顺序。

表 8.2　课程表 course

序　号	字段名	数据类型	长　度	是否允许为空	说　明
1	c_no	char	4	NO	课程号，主键
2	c_name	char	10	YES	课程名
3	hours	int	11	YES	学时
4	credit	int	11	YES	学分
5	type	varchar	10	YES	学科类别

表 8.3　学生成绩表 score

序　号	字段名	数据类型	长　度	是否允许为空	说　明
1	s_no	char	9	NO	学号，主键
2	c_no	char	4	NO	课程号，外键
3	report	float	5	YES	成绩，保留一位小数点

第9章　数据查询

　　数据查询是数据库的核心操作。关系代数是一种抽象的查询语言,这种语言通过对关系的运算来表达查询。关系运算是设计关系数据库操作语言的基础,因为其中的每一个询问通常表示成一个关系运算表达式。而 SQL 语言提供了 SELECT 语句进行数据库的查询。

学习目标:

- 掌握关系代数中的并、交、差、笛卡儿积运算;
- 掌握关系代数中的选择、投影、连接、除运算;
- 掌握 SELECT 查询;
- 掌握聚合函数进行查询统计;
- 掌握多表连接查询;
- 掌握嵌套查询;
- 理解联合查询。

9.1　关系代数

　　关系数据库系统是支持关系模型的数据库系统。关系数据模型的理论基础是集合论与关系代数,这些数学理论的研究为关系数据库技术的发展奠定了坚实的基础。关系数据语言包括以下 3 类:

　　①关系代数语言。

　　②关系演算语言(元组关系演算语言、域关系演算语言)。

　　③具有关系代数和关系演算双重特点的语言,如 SQL。

　　这些关系数据语言的共同特点是语言具有完备的表达能力,是非过程化的集合操作语言,功能强,能够嵌入高级语言中使用。

9.1.1　关系操作

关系模型给出了关系操作的能力的说明,但不对关系数据库管理系统语言给出具体的语法要求,也就是说不同的关系数据库管理系统可以定义和开发不同的语言来实现这些操作。

关系模型中常用的关系操作包括查询(QUERY)操作和插入(INSERT)、删除(DELETE)、修改(UPDATE)操作两大部分。

关系的查询表达能力很强,是关系操作中最主要的部分。查询操作又可分为选择(Select)、投影(Project)、连接(Join)、除(Divide)、并(Union)、差(Except)、交(Intersection)、笛卡儿积等。其中,选择、投影、并、差、笛卡儿积是 5 种基本操作,其他操作可以用基本操作来定义和导出,就像乘法可以用加法来定义和导出一样。

关系操作的特点是集合操作方式,即操作的对象和结果都是集合。这种操作方式也称为一次一集合(set-at-a-time)方式。相应地,非关系数据模型的数据操作方式则为一次一记录(record-at-a-time)方式。

关系代数、元组关系演算和域关系演算均是抽象的查询语言,这些抽象的语言与具体的关系数据库管理系统中实现的实际语言并不完全一样。但它们能用作评估实际系统中查询语言能力的标准或基础。实际的查询语言除了提供关系代数或关系演算的功能外,还提供了许多附加功能,例如,聚集函数、关系赋值、算术运算等,使得目前实际查询语言的功能十分强大。

SQL 是一种介于关系代数和关系演算之间的结构化查询语言(Structured Query Language, SQL)。SQL 不仅具有丰富的查询功能,而且具有数据定义和数据控制功能,是集查询、数据定义语言、数据操纵语言和数据控制语言(Data Control Language, DCL)于一体的关系数据语言。SQL 充分体现了关系数据语言的特点和优点,是关系数据库的标准语言。

9.1.2　关系代数

关系代数是一种抽象的查询语言,是关系数据操纵语言的一种传统表达方式,它是用对关系的运算来表达查询的。

任何一种运算都是将一定的运算符作用于一定的运算对象上,得到预期的运算结果。所以运算对象、运算符、运算结果是运算的三大要素。

关系代数的运算对象是关系,运算结果亦为关系。关系代数用到的运算符包括 4 类,即集合运算符、专门的关系运算符、算术比较符和逻辑运算符,见表9.1。

表9.1　关系代数运算符

运算符		含　义	运算符	含　义
集合运算符	∪	并	>	大于
			≥	大于等于
	-	差	<	小于
			≤	小于等于
	∩	交	=	等于
			≠	不等于
专门的关系运算符	×	广义笛卡儿积	┐	非
	δ	选择		
	π	投影	∧	与
	|×|	连接		
	÷	除	∨	或

关系代数的运算按运算符的不同可分为传统的集合运算和专门的关系运算两大类。其中传统的集合运算将关系看成元组的集合,其运算是从关系的"水平"方向即行的角度来进行。而专门的关系运算不仅涉及行而且涉及列。比较运算符和逻辑运算符是用来辅助专门的关系运算符进行操作的。

9.1.3　传统的集合运算

传统的集合运算是二目运算,包括并、差、交、广义笛卡儿积4种运算。

设关系 R 和关系 S 具有相同的目 n(即 n 个属性),且相应的属性取自同一个域,则可定义并、差、交运算如下:

(1)并(Union)

关系 R 与关系 S 的并记作:

$$R \cup S = \{t \mid t \in R \vee t \in S\}$$

它是由关系 R 中的元素和关系 S 中的元素共同组成的集合,其结果仍是 n 目关系。

(2)差(Difference)

关系 R 与关系 S 的差记作:

$$R - S = \{t \mid t \in R \wedge t \notin S\}$$

它是由只在关系 R 中出现、不在关系 S 中出现的元素组成的集合,其结果仍是 n 目关系。

（3）**交**

关系 R 与关系 S 的交记作：

$$R \cap S = \{t | \ t \in R \wedge t \in S\}$$

它是由既出现在关系 R 中又出现在关系 S 中的元素组成的集合，其结果仍是 n 目关系。交可以用差来表示 $R \cap S = R-(R-S)$。

（4）**广义笛卡儿积**

两个分别为 n 目和 m 目的关系 R 和关系 S 的广义笛卡儿积，是一个 $(m+n)$ 列的元组的集合。元组的前 n 列是关系 R 的一个元组，后 m 列是关系 S 的一个元组。若 R 有 k_1 个元组，S 有 k_2 个元组，那么关系 R 与 S 的广义笛卡儿积有 $k_1 \times k_2$ 个元组，记作：

$$R \times S = \{\widehat{t_r t_s} | \ t_r \in R \wedge t_s \in S\}$$

其结果是 $m+n$ 目关系。当结果中出现同名属性时，以"关系名.属性"表示。

【例 9.1】　图 9.1（a）、（b）分别为具有 3 个属性列的关系 R、关系 S。图 9.1（c）为关系 R 与关系 S 的并。图 9.1（d）为关系 R 与关系 S 的交。图 9.1（e）为关系 R 和关系 S 的差。图 9.1（f）为关系 R 和关系 S 的广义笛卡儿积。

学　号	姓　名	年　龄
169001409	李敏	20
169001402	王俊豪	22

（a）关系 R

学　号	姓　名	年　龄
169001409	李敏	20
169001411	董浩	22

（b）关系 S

学　号	姓　名	年　龄
169001409	李敏	20
169001402	王俊豪	22
169001411	董浩	22

（c）$R \cup S$

学　号	姓　名	年　龄
169001409	李敏	20

（d）$R \cap S$

学　号	姓　名	年　龄
169001402	王俊豪	22

（e）$R-S$

R. 学号	R. 姓名	R. 年龄	S. 学号	S. 姓名	S. 年龄
169001409	李敏	20	169001409	李敏	20
169001409	李敏	20	169001411	董浩	22
169001402	王俊豪	22	169001409	李敏	20
169001402	王俊豪	22	169001411	董浩	22

（f）$R \times S$

图 9.1　传统集合运算举例

集合运算符主要研究的是元组，即对表中的行进行研究和操作。

9.1.4 专门的关系运算符

(1) 几个记号

专门的关系运算符包括选择、投影、连接、除等。为叙述上的方便,先引入几个记号:

1) $t[A_i]$

设关系模式为 $R(A_1, A_2, \dots, A_n)$。它的一个关系为 R。$t \in R$,表示 t 是 R 的一个元组。$t[A_i]$ 则表示元组 t 中相应于属性 A_i 的一个分量。

【例9.2】 设有关系 R,如图9.2所示。

关系 $R(学号,姓名,年龄)$ 中,$t[年龄_2] = 22$。

学　号	姓　名	年　龄
169001409	李敏	20
169001402	王俊豪	22

图9.2　关系 R

2) $\bar{A}$

若 $A = \{A_{i1}, A_{i2}, \dots, A_{ik}\}$,其中 $A_{i1}, A_{i2}, \dots, A_{ik}$ 是 $A_1, A_2, \dots, A_n$ 中的一部分,则 A 称为属性列或域列。$t[A] = (t[A_{i1}], t[A_{i2}], \dots, t[A_{ik}])$ 表示元组 t 在属性列 A 上诸分量的集合。$\bar{A}$ 则表示 $\{A_1, A_2, \dots, A_n\}$ 中去掉 $\{A_{i1}, A_{i2}, \dots, A_{ik}\}$ 后剩余的属性组。

3) $\widehat{t_r t_s}$

R 是 n 目关系,S 是 m 目关系。$t_r \in R$, $t_s \in S$, $\widehat{t_r t_s}$ 称为元组的连接(Concatenation)。它是一个 $n+m$ 列的元组,前 n 个分量为 R 中的一个 n 元组,后 m 个分量为 S 中的一个 m 元组。

4) 象集

给定一个关系 $R(X, Z)$,X 和 Z 为属性组,定义:当 $t[X] = x$ 时,x 在 R 中的象集为:

$$Z_x = \{t[Z] \mid t \in R, t[X] = x\}$$

它表示 R 中属性组 X 上的值为 x 的诸元组在 Z 上分量的集合。例如,$Z = (B, C)$,$R = (A, Z)$,$x = a_1$,则 $Z_x = \{(b_1, c_1)(b_2, c_2)\}$。

(2) 专门的关系运算

下面给出这些关系运算的定义:

1) 选择(Selection)

选择又称限制(Restriction),是在关系 R 中选择满足给定条件的诸元组,记作:

$$\sigma_F(R) = \{t \mid t \in R \wedge F(t) = '真'\}$$

其中,F 表示选择条件,它是一个逻辑表达式,取逻辑值"真"或"假"。

逻辑表达式 F 由逻辑运算符 $\neg$, $\wedge$, $\vee$ 连接各算术表达式组成。算术表达式的基本形式为：

$$X_1 \theta Y_1$$

其中,θ 表示比较运算符,它可以是 $>$, $\geqslant$, $<$, $\leqslant$, $=$ 或 $\neq$。X_1,Y_1 是属性名,或为常量,或为简单函数;属性名也可以用它的序号来代替。

由关系代数运算经有限次复合而成的式子称为关系代数表达式。这种表达式的运算结果仍然是一个关系。可以用关系代数表达式表示对数据库的查询和更新操作。

设有一个学生-课程数据库,包括：

学生 students(学号,姓名,性别,电话,所在学院),

课程关系 course(课程号,课程名,先行课,学分),

学生选课关系 score(学号,课程号,成绩,状态),

下面将用例子对这 3 个关系进行运算。

首先画出上面数据库的 E-R 图,如图 9.3 所示。

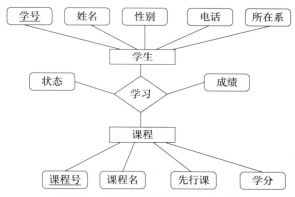

图 9.3　学生-课程数据库的 E-R 图

根据 E-R 图设计其表,如图 9.4 所示。

学号 s_no	姓名 s_name	性别 sex	电话号码 phone	所在学院 d_name
169001409	李敏	女	18523664201	计算机学院
169001402	王俊豪	男	13110137269	数字艺术学院
169001410	高圆圆	女	17783422432	土木工程学院
169001411	董浩	男	15223891560	通识学院
169001416	古相熙	男	18523966351	计算机学院

（a）学生信息表（students）

课程号 c_no	课程名 c_name	先行课 period	学分 credit
C001	数据库技术	2	4
C002	离散数学		2
C003	软件工程	1	3

续表

课程号 c_no	课程名 c_name	先行课 period	学分 credit
C004	操作系统	7	3
C005	数据结构	6	4
C006	C 语言		2
C007	数据处理		3

（b）课程信息表（course）

学号 s_no	课程号 c_no	成绩 report	课程状态 state
169001409	C001		待开课
169001409	C003	93	已结束
169001402	C006	80	已结束
169001410	C002	72	已结束
169001410	C004	64	已结束
169001411	C002	82	已结束

（c）学生选课表（score）

图 9.4　学生-课程数据库

【例 9.3】　查询计算机学院的学生。

$$\sigma_{d\_name = '计算机学院'}(students) \text{ 或 } \sigma_{5='计算机学院'}(students)$$

其中下角标"5"为所在学院的属性序号。其结果如图 9.5（a）所示。

【例 9.4】　查询计算机学院的女生。

$$\sigma_{d\_name='计算机学院' and sex='女'}(students) \text{ 或 } \sigma_{5='计算机学院' and 3='女'}(students)$$

其结果如图 9.5（b）所示。

学号 s_no	姓名 s_name	性别 sex	电话号码 phone	所在学院 d_name
169001409	李敏	女	18523664201	计算机学院
169001416	古相熙	男	18523966351	计算机学院

（a）计算机学院学生信息

学号 s_no	姓名 s_name	性别 sex	电话号码 phone	所在学院 d_name
169001409	李敏	女	18523664201	计算机学院

（b）计算机学院女生信息

图 9.5　选择运算举例

选择运算实际上是从关系 R 中选取使逻辑表达式成为真的元组。这是从行的角度进行的运算。

2）投影（Projection）

关系 R 上的投影是从 R 中选择若干属性列组成新的关系，记作：

$$\pi_A(R) = \{t[A] \mid t \in R\}$$

其中 A 为 R 中的属性列。A 中的属性不可重复。

【例 9.5】　查询学生的姓名和电话号码，即求关系 students 在学生姓名和电话号码上的投影。

$$\pi_{s\_name,\ phone}(students) \text{ 或 } \pi_{2,4}(students)$$

其结果如图 9.6（a）所示。

【例 9.6】　查询学生的成绩。

$$\pi_{s\_no,\ c\_no,\ report}(score)$$

其结果如图 9.6（b）所示。

【例 9.7】　查询学习课程号为 C002 的学生学号与成绩。

$$\pi_{s\_no,\ report}(\sigma_{c\_no='C002'}(score))$$

其结果如图 9.6（c）所示。

【例 9.8】　查询选修课程号为 C002 或 C003 的学生学号。

$$\pi_{s\_no}(\sigma_{c\_no='C002' \lor c\_no='C003'}(score))$$

其结果如图 9.6（d）所示。

姓名 s_name	电话号码 phone
李敏	18523664201
王俊豪	13110137269
高圆圆	17783422432
董浩	15223891560
古相熙	18523966351

（a）学生姓名和电话号码

学号 s_no	课程号 c_no	成绩 report
169001409	C001	
169001409	C003	93
169001402	C006	80
169001410	C002	72
169001410	C004	64
169001411	C002	82

（b）学生成绩信息

学号 s_no	成绩 report
169001410	72
169001411	82

（c）课程号为 C002 的学生学号与成绩

学号 s_no
169001409
169001410
169001411

（d）选修课程号为 C002 或 C003 的学生学号

图 9.6　投影运算举例

投影操作是从列的角度进行的运算。

3）连接（Join）

连接也称为 θ 连接。它是从两个关系的笛卡儿积中选取属性间的满足一定条件的元

组,记作:

$$R \underset{A\theta B}{\infty} S = \{\widehat{t_r t_s} \mid t_r \in R \wedge t_s \in S \wedge t_r[A] \theta t_s[B]\}$$

其中 A 和 B 分别为 R 和 S 上度数相同且可比的属性组。θ 是比较运算符。连接运算从 R 和 S 的广义笛卡儿积 $R \times S$ 中选取(R 关系)在 A 属性组上的值与(S 关系)在 B 属性组上的值满足比较关系 θ 的元组。

连接运算中有两种最为重要也最为常用的连接,一种是等值连接(Equal-Join),一种是自然连接(Natural-Join)。

①等值连接:θ 为"="的连接运算称为等值连接。它是从 R 与 S 的广义笛卡儿积中选取 A、B 属性值相等的那些元组,即等值连接为:

$$R \underset{A\theta B}{\infty} S = \{\widehat{t_r t_s} \mid t_r \in R \wedge t_s \in S \wedge t_r[A] = t_s[B]\}$$

②自然连接:自然连接是一种特殊的等值连接,要求两个关系中进行比较的分量必须是相同的属性组,并且在结果中把重复的属性列去掉。即若 R 和 S 具有相同的属性组 B,则自然连接可记作:

$$R \underset{A = B}{\infty} S = \{\widehat{t_r t_s} \mid t_r \in R \wedge t_s \in S \wedge t_r[A] = t_s[B]\}$$

一般的连接从行的角度,自然连接要取消重复列,是从行和列的角度进行运算。

连接运算对应 SQL 语句的嵌套查询等。

【例9.9】 设图9.7(a)、(b)分别为关系 R 和关系 S。图9.7(c)为 $R \underset{R.\text{年龄} > S.\text{年龄}}{\infty} S$ 的结果,图9.7(d)为等值连接 $R \underset{R.\text{年龄} = S.\text{年龄}}{\infty} S$ 的结果,图9.7(e)为自然连接 $R \infty S$ 结果。

学 号	姓 名	年 龄
169001409	李敏	23
169001411	董浩	23
169001402	王俊豪	22

(a)R

教师号	姓 名	年 龄
100100	李静	22
100120	刘倩	30

(b)S

学 号	R.姓名	R.年龄	教师号	S.姓名	S.年龄
169001409	李敏	23	100100	李静	22
169001411	董浩	23	100100	李静	22

(c) $R \underset{R.\text{年龄} > S.\text{年龄}}{\infty} S$

学 号	R.姓名	S.年龄	教师号	S.姓名	S.年龄
169001402	王俊豪	22	100100	李静	22

(d) $R \underset{R.\text{年龄} = S.\text{年龄}}{\infty} S$

学 号	姓 名	年 龄	教师号
169001412	李静	22	100100

(e) $R \infty S$

图9.7 等值连接运算举例

【例 9.10】　设图 9.8(a)、(b)分别为关系 R 和关系 S。图 9.8(c)为自然连接 $R \infty S$ 的结果。

学　号	姓　名	年　龄
169001409	李敏	20
169001411	董浩	22
169001402	王俊豪	22

（a）R

学　号	课程号	成　绩
169001409	C001	80
169001411	C002	90

（b）S

学　号	姓　名	年　龄	课程号	成　绩
169001409	李敏	20	C001	80
169001411	董浩	22	C002	90

（c）$R \infty S$

图 9.8　自然连接运算举例

4）除（Division）

给定关系 $R(X, Y)$ 和 $S(Y, Z)$，其中 X，Y，Z 为属性组。R 中的 Y 与 S 中的 Y 可以有不同的属性名，但必须出自相同的域集。R 与 S 的除运算得到一个新的关系 $P(X)$，P 是 R 中满足下列条件的元组在 X 属性列上的投影：元组在 X 上分量值 x 的象集 Y_x 包含 S 在 Y 上投影的集合。记作：

$$R \div S = \{t_r[X] \mid t_r \in R \wedge \pi_y(S) \subseteq Y_x\}$$

其中 Y_x 为 x 在 R 中的象集 $x=t_r[X]$。

除操作是同时从行和列角度进行运算。

【例 9.11】　关系 R 和关系 S 如图 9.9(a)和(b)所示，求 $R \div S$。

A	B	C	D
a	b	c	d
a	b	e	f
c	a	c	d

（a）R

C	D
c	d
e	f

（b）S

C	D
c	d
e	f

（c）T

A	B
a	b
c	a

（d）X

C	D
c	d
e	f

（e）a 和 b 对应的象集

C	D
c	d

（f）c 和 a 对应的象集

A	B
a	b

（g）$R \div S$

图 9.9　除运算举例

第一步：找出关系 R 和关系 S 中相同的属性，即 C、D 属性。在关系 S 中对 C、D 做投影 T（即取出 C、D 列），如图 9.9(c)所示。

第二步:在被除关系 R 与关系 S 中不相同的属性是 C、D,关系 R 在属性 X 上做取消重复值的投影为 X,如图9.9(d)所示。

第三步:求关系 R 中 X 属性对应的象集 C、D,如图9.9(e)、(f)所示。

第四步:判断包含关系 $R \div S$ 其实就是判断关系 R 中 X 各个值的象集 C、D 的所有值。对比即可发现,a 和 b 的象集包含了关系 S 中属性 C、$D(T)$ 的所有值,而 c 和 a 只包含了其中一个,所以排除 c 和 a 构成的集合,如图9.9(g)所示。

【例9.12】 查询至少选修C001号课程和C003号课程的学生学号。

首先建立一个临时关系 K:

然后求:$\pi_{s\_no, c\_no}(score) \div K$

结果为:$\{169001409\}$

【例9.13】 查询学习课程号为C002的学生学号与姓名。

此查询涉及 students 和 score,可先进行自然连接,然后再执行选择投影操作:

$$\pi_{s\_no, s\_name}(\sigma_{c\_no = 'C002'}(students \infty score))$$

或

$$\pi_{s\_no, s\_name}(students) \infty (\pi_{s\_no}(\sigma_{c\_no = 'C002'}(score)))$$

后一个表达式自然连接的右分量为"学了C002课的学生学号的集合",因此比前一个表达式更加优化,执行起来更省时间、省空间。

【例9.14】 查询选修课程名为"数据结构"的学生学号与姓名。

$$\pi_{s\_no, s\_name}(\sigma_{c\_name = '数据结构'}(students \infty score \infty course))$$

【例9.15】 查询至少选修课程号为C002或C004的学生学号。

$$\pi_1(\sigma_{1 = 4 \wedge 2 = 'C002' \wedge 5 = 'C004'}(score \infty score))$$

【例9.16】 查询至少选修了一门其直接先行课为C006号课程的学生姓名。

分解:先查询先行课为C006号课程的课程,然后再查询选修的学生。

$$\pi_{s\_name}(\sigma_{c\_no = 'C006'}(course) \infty score \infty \pi_{s\_no, s\_name}(students))$$

或

$$\pi_{s\_name}(\pi_{s\_no}(\sigma_{c\_no = 'C006'}(course) \infty score) \infty \pi_{s\_no, s\_name}(students))$$

【例9.17】 查询选修全部课程的学生学号和姓名。

$$\pi_{s\_no, c\_no}(score) \div \pi_{c\_no}(course) \infty \pi_{s\_no, s\_name}(students)$$

9.2 SQL 通用查询

9.2.1 SELECT 语法结构

MySQL 可以使用 SELECT 语句来查询数据,根据查询条件的不同,数据库系统会找到不同的数据。通过 SELECT 语句可以很方便地获取所需的信息。

MySQL 中，SELECT 语句的基本语法格式如下：

SELECT［ALL｜DISTINCT］［FROM 表名［,表名］…］
［WHERE 子句］［GROUP BY 子句］
［HAVING 子句］［ORDER BY 子句］［LIMIT 子句］;

其中，"［ ］"表示可选项；"SELECT 子句"指定要查询的列名称,列与列之间用逗号隔开；"FROM 子句"指定要查询的表,可以指定两个以上的表,表与表之间用逗号隔开；"WHERE 子句"指定要查询的条件,后面跟"条件表达式",如果有"WHERE 子句",就按照"条件表达式"指定的条件进行查询,如果没有"WHERE 子句",就查询所有的记录；"GROUP BY"子句用于对查询结构进行分组,后面跟"属性名"指定分组的依据；"HAVING 子句"指定分组的条件,通常在 GROUP BY 子句之后；"ORDER BY 子句"用于对查询结果进行排序,后面跟"属性名"指定排序的依据；"LIMIT 子句"限制查询的输出结果行。

【例 9.18】　查询学生的学号、姓名和联系电话,SQL 语句如下：

```
SELECT s_no,s_name,phone FROM students;
```

运行结果如图 9.10 所示。

s_no	s_name	phone
169001401	文雨豪	177266
169001402	王俊豪	131101
169001403	邓华	188752
169001404	刘泓余	177834
169001405	曾琪智	136297
169001406	赵强	177834
169001407	刘磊	177834
169001408	粟艳	157300

图 9.10　例 9.18 运行结果

9.2.2　SELECT 语法结构的基本子句

（1）SELECT 子句

SELECT 子句用于指定要返回的列,SELECT 常用参数见表 9.2。

表 9.2　SELECT 语句参数

参　数	说　明
*	通配符,返回所有列的值
ALL	显示所有行,包括重复行,ALL 是系统默认的
DISTINCT	消除重复行
列名	指明返回结果的列,如果是多列,用逗号隔开

1）使用通配符"＊"查询所有字段

通配符"＊"表示所有字段,这样就不用列出表中的所有字段了。但是,在使用这种方式查询时,只能按照表中的字段顺序进行排列,不能改变字段的排列顺序。其语法的基本形式为:

SELECT ＊ FROM 表名;

下面是用 SELECT 语句来查询表中所有数据的例子。

【例9.19】 查询学生的所有记录。

```
SELECT *  FROM students;
```

其运行结果,如图9.11所示。

s_no	s_name	sex	birthday	d_no	address	phone	photo
169001401	文雨豪	男	1997-05-02	D005	重庆市沙坪坝区	177266	
169001402	王俊豪	男	1998-01-21	D002	重庆	131101	
169001403	邓华	男	1998-03-04	D005	重庆市南岸区	188752	
169001404	刘弘余	男	1997-11-02	D005	重庆市巴南区南泉	177834	
169001405	曾琪智	男	1997-10-17	D005	重庆市长寿区	136297	
169001406	赵强	男	1998-02-01	D002	重庆市渝北区	177834	
169001407	刘磊	男	1997-12-22	D002	重庆市合川区	177834	
169001408	粟艳	男	1997-04-28	D002	重庆市合川	157300	
169001409	付杰豪	男	1997-02-03	D001	重庆市江津区	131403	
169001410	舒桐	男	1996-10-20	D003	武隆县	185236	

图9.11 例9.19运行结果

2）使用 DISTINCT 消除重复行

如果表中的某些字段上没有唯一性约束,这些字段可能存在重复的值,在 SELECT 语句中就可以使用 DISTINCT 关键字来消除重复的记录。其语法的基本形式为:

SELECT DISTINCT 属性名 FROM 表名;

其中,"属性名"表示要消除重复记录的字段的名字。下面是使用 distinct 关键字来消除系部重复记录的例子。

【例9.20】 查询学生所在的系部,去掉重复值。

```
SELECT DISTINCT d_no FROM students;
```

其运行结果,如图9.12所示。

d_no
D005
D002
D001
D003
D004
D006
D007

图9.12 例9.20
运行结果

3）使用 AS 定义查询列的别名

当查询数据时,MySQL 会显示每个输出列的名字,默认情况下,显示的列名是创建表时定义的列名。有时为了让显示结果更加直观,可以用 AS 来定义查询列的别名。

AS 不是给表里的字段取别名,而是给查询的结果字段取别名。其目的是让查询的结果展现出更符合人们观看的习惯,在多张表查询时可以直接区别多张表的同名的字段。为查询结果取别名的基本形式如下:

属性名［AS］别名;

其中,属性名为字段原来的名称,别名参数为字段新的名字,AS 关键字可有可无,实现的作用都一样。

【例 9.21】　统计男生的学生人数。

SELECT COUNT(*) AS '男生人数' FROM students WHERE sex = '男';

其运行结果,如图 9.13 所示。

× 男生人数
24

图 9.13　例 9.21 运行结果

（2）FROM 子句

SELECT 的查询对象(数据源)由 FROM 子句指定。FROM 子句指定进行查询的单个表或者多个表、视图。其语法结构如下:

FROM ｛表名|视图｝【,...,n】　//当有多个表时,表与表之间用",",分隔

【例 9.22】　查询男生基本情况。

SELECT *　FROM students WHERE sex = '男';

其运行结果,如图 9.14 所示。

× s_no	s_name	sex	birthday	d_no	address	phone	photo
169001401	文雨豪	男	1997-05-02	D005	重庆市沙坪坝区	177266	
169001402	王俊豪	男	1998-01-21	D002	重庆	131101	
169001403	邓华	男	1998-03-04	D005	重庆市南岸区	188752	
169001404	刘弘余	男	1997-11-02	D005	重庆市巴南区南泉	177834	
169001405	曾琪智	男	1997-10-17	D005	重庆市长寿区	136297	
169001406	赵强	男	1998-02-01	D002	重庆市渝北区	177834	
169001407	刘磊	男	1997-12-22	D002	重庆市合川区	177834	
169001408	粟艳	男	1997-04-28	D002	重庆市合川	157300	
169001409	付杰豪	男	1997-02-03	D001	重庆市江津区	131403	

图 9.14　例 9.22 运行结果

（3）WHERE 子句

WHERE 子句指定查询的条件,限制返回的数据行。WHERE 子句必须紧跟 FROM 子句之后,在 WHERE 子句中,使用一个条件从 FROM 子句的中间结果中选取行。

WHERE 子句语法格式如下:

WHERE where_definition;其中,where_definition 为查询条件。

WHERE 子句用于指定条件,过滤不符合条件的数据记录。可以使用的条件包括比较运算、逻辑运算、范围、模糊匹配以及未知值等。

【例 9.23】　查询出生日期在 1998 年 5 月到 1999 年 5 月出生的学生。

SELECT *　FROM students WHERE birthday BETWEEN '1998-5-1' AND '1999-5-31';

其运行结果,如图 9.15 所示。

× s_no	s_name	sex	birthday	d_no	address	phone	photo
169001412	谭理林	男	1998-09-11	D006	重庆市垫江县	131011	
169001428	孙佳慧	男	1998-11-14	D001	重庆市合川	130986	
169001429	姜虹	男	1998-08-28	D001	重庆市合川	189835	

图 9.15　例 9.23 运行结果

【例9.24】 查询院系编号为 d001 或 d002 的学生。

```
SELECT *  FROM students WHERE d_no IN('d001', 'd002');
```

其运行结果,如图9.16所示。

✕ s_no	s_name	sex	birthday	d_no	address	phone	photo
169001402	王俊豪	男	1998-01-21	D002	重庆	1311013███	
169001406	赵强	男	1998-02-01	D002	重庆市渝北区	1778342███	
169001407	刘磊	男	1997-12-22	D002	重庆市合川区	1778342███	
169001408	粟艳	男	1997-04-28	D002	重庆市合川	1573002███	
169001409	付杰豪	男	1997-02-03	D001	重庆市江津区	1314033███	
169001416	古相熙	男	1996-10-11	D001	永川区金龙镇	1852390███	
169001424	李洁楠	男	1997-08-26	D001	重庆奉节县	1778342███	
169001428	孙佳慧	男	1998-11-14	D001	重庆市合川	1309863███	
169001429	姜虹	男	1998-08-28	D001	重庆市合川	1898352███	

图9.16　例9.24 运行结果

(4)GROUP BY 子句

GROUP BY 子句主要根据字段对行分组统计,因此会同类汇总成为一行。例如,根据学生所学的专业对 students 表中的所有行分组,结果是每个专业的学生成为一组。

GROUP BY 子句的语法格式如下:

　GROUP BY {字段名 | 表达式 | 正整数}【ASC | DESC】, ...,【WITH ROLLUP】;

其中,GROUP BY 子句后通常包含列名或表达式。也可以用正整数表示列,如指定3,则表示按第3列分组;ASC 为升序,DESC 为降序,系统默认为 ASC,将按分组的第一列升序排序输出结果;可以指定多列分组。若指定多列分组,则先按指定的第一列分组再对指定的第二列分组,以此类推;使用带 ROLLUP 操作符的 GROUP BY 子句:指定在结果集内不仅包含由 GROUP BY 提供的正常行,还包含汇总行;GROUP BY 子句通常与聚合函数(COUNT( )、SUM( )、AVG( )、MAX( )和 MIN( ))一起使用。

【例9.25】 求选修的各门课程的平均成绩和选修该课程的人数。

```
SELECT c_no,AVG(report) AS 平均成绩,COUNT(c_no) AS 选修人数
FROM score GROUP BY c_no;
```

其运行结果,如图9.17所示。

✕ c_no	平均成绩	选修人数
A001	71.14286	7
A002	72.83333	6
A003	74.00000	4
A004	96.00000	1
A005	76.00000	1
B001	63.00000	4
B002	80.00000	2
B003	65.33333	3
B004	79.66667	3
C001	61.00000	2

图9.17　例9.25 运行结果

(5) ORDER BY *子句*

使用 ORDER BY 子句后,可以保证结果中的行按一定顺序排列。

ORDER BY 子句语法格式如下:

ORDER BY {列| 表达式| 正整数} 【ASC | DESC】, …

其中,ORDER BY 子句后可以是一个列、一个表达式,也可以用正整数表示列;关键字 ASC 表示升序排列,DESC 表示降序排列,系统默认值为 ASC;指定要排序的列可以是多列。如果是多列,系统先按照第一列排序,当该列出现重复值时,按第二列排序,以此类推。

【例 9.26】 按成绩降序排序列出选修 a001 课程的学生学号和成绩。

```
SELECT s_no,report FROM score WHERE c_no='a001'
ORDER BY report DESC;
```

其运行结果,如图 9.18 所示。

× s_no	report
169001407	92.0
169001401	87.0
169001421	75.0
169001405	67.0
169001424	67.0
169001403	65.0
169001412	45.0

图 9.18 例 9.26 运行结果

(6) HAVING *子句*

使用 HAVING 子句的目的与 WHERE 子句类似,不同的是,WHERE 子句是用来在 FROM 子句之后选择行,而 HAVING 子句用来在 GROUP BY 子句后选择行。其语法格式如同 WHERE。

【例 9.27】 选修了 1 门以上课程的学生学号。

```
SELECT s_no FROM score GROUP BY s_no HAVING COUNT(s_no)>1;
```

其运行结果,如图 9.19 所示。

× s_no
169001401
169001402
169001403
169001406
169001407
169001408
169001409
169001411
169001412

图 9.19 例 9.27 运行结果

【例 9.28】 查找讲授了 2 门课程的老师。

```
SELECT t_no FROM teach GROUP BY t_no HAVING COUNT(* )>=2;
```

t_no
100100
100120
100135

图9.20　例9.28
运行结果

其运行结果,如图9.20所示。

（7）**认识 LIMIT 子句**

LIMIT 子句主要用于限制被 SELECT 语句返回的行数。

LIMIT 子句语法结构如下：

$$LIMIT\ \{【偏移量,】行数|行数\ offset\ 偏移量\};$$

例如,"LIMIT 5"表示返回 SELECT 语句的结果集中最前面5行,而"LIMIT 3,5"则表示从第4行开始返回9行。值得注意的是初始行的偏移量为0而不是1。

【例9.29】　查询课程号为'A001'成绩前五名的学生号和成绩。

```
SELECT s_no, report FROM score
WHERE c_no='A001' ORDER BY report DESC LIMIT 5;
```

其运行结果如图9.21所示。

s_no	report
169001407	92.0
169001401	87.0
169001421	75.0
169001405	67.0
169001424	67.0

图9.21　例9.29 运行结果

9.2.3　使用聚合函数进行查询统计

常用的聚合函数见表9.3。

表9.3　常用的聚合函数

常用的聚合函数	功　能
SUM(DISTINCT| ALL)	计算某列值的总和
COUNT(DISTINCT| ALL| 列名)	计算某列的个数
AVG(DISTINCT| ALL| 列名)	计算某列值的平均值
MAX(DISTINCT| ALL| 列名)	计算某列值的最大值
MIN(DISTINCT| ALL| 列名)	计算某列值的最小值
VARIANCE/STDDEV(DISTINCT| ALL| 列名)	计算特定的表达式中的所有值的方差/标准差

其中,DISTINCT 去掉列中的重复值,ALL 计算所有列值;COUNT(*)计算所有记录的数量。而 CONUT(列名)则只计算列的数量,不计该列中的空值;AVG、MAX、MIN 和 SUM 函数也不计空的列值。即不把空值所在行计算在内,只对列中的非空值进行计算。

【例 9.30】　求课程为 A001 的最高分、最低分。

```
SELECT MAX(report),MIN(report) FROM score GROUP BY c_no HAVING c_no='A001';
```

其运行结果如图 9.22 所示。

MAX(report)	MIN(report)
92.0	45.0

图 9.22　例 9.30 运行结果

9.2.4　多表连接查询

数据库的设计原则是精简,通常是每个表尽可能地单一,存放不同的数据,最大限度地减少数据冗余。在实际工作中,需要从多个表查询出用户需要的数据并生成一个临时结果,这就是连接查询。

连接查询是将两个或两个以上的表按照某个条件连接起来,从中选取所需要的数据。连接查询是同时查询两个或两个以上的表时所使用的。当不同的表中存在表示相同意义的字段时,可以通过该字段来连接这几个表。当查询的数据来源于 2 个及以上的表时,可用全连接、JOIN 连接或子查询来实现。

(1)全连接

多表查询实际上是通过各个表之间的共同列的关联性来查询数据的。连接的方式是将各个表用逗号分隔,用 WHERE 子句设定条件进行等值连接,这样就指定了全连接。

多表查询的语法结构如下:

SELECT 表名.列名【,…,n】　FROM 表 1,表 2【,…,n】　WHERE ｛连接条件｝［AND｜OR 查询条件］。

【例 9.31】　查找 jxgl 数据库中所有学生选过的课程名和课程号,使用如下语句:

```
SELECT DISTINCT course.c_no,course.c_name FROM course,score
WHERE course.c_no=score.c_no;
```

其运行结果如图 9.23 所示。

c_no	c_name
A001	MySQL
A002	计算机文化基础
A003	操作系统
A004	数据结构
A005	PHOTOSHOP
B001	思想政治课
B002	IT产品营销
B003	公文写作
B004	网页设计
C001	会计电算化

图 9.23　例 9.31 运行结果

（2）JOIN 连接

SELECT 表名. 列名［,…,n］

FROM ｛表1［连接方式］JOIN 表2｛ON 连接条件｜USING(字段)｝｝

WHERE 查询条件；

其中,连接方式包括 INNER,LEFT OUTER,RIGHT OUTER,CROSS JOIN；MySQL 默认的
JOIN 连接是 INNER JOIN, INNER 可以省略;USING:用于自然连接,用两个表的公共字段进
行连接。

（3）内连接（INNER JOIN）

【例9.32】 查找上课老师姓名及其所教课程名。

```
SELECT t_name,c_name
FROM teachers INNER JOIN teach ON teachers.t_no=teach.t_no
INNER JOIN course ON teach.c_no=course.c_no;
```

其运行结果如图9.24 所示。

t_name	c_name
李静	MySQL
刘倩	MySQL
郑孝宗	计算机文化基础
马双林	操作系统
陈虎	数据结构
王真	PHOTOSHOP
李静	大学英语
刘倩	大学英语
陈虎	大学英语
蒋明	大学英语

图9.24 例9.32 运行结果

（4）外连接（OUTER JOIN）

外连接分为左外连接（LEFT OUTER JOIN）和右外连接（RIGHT OUTER JOIN）。

左外连接是指返回连接查询的表中匹配的行和所有来自左表不符合指定条件的行,以
左表为准,左表的记录将会全部表示出来,而右表只会显示符合搜索条件的记录。

右外连接是指返回连接查询的表中匹配的行和所有来自右表不符合指定条件的行,以
右表为准,右表的记录将会全部表示出来,而左表只会显示符合搜索条件的记录。

【例9.33】 查询所有学生的姓名以及所学课程的名称与成绩。

```
SELECT s_name,c_name,report FROM students st LEFT OUTER JOIN score sc ON st.s_no=sc.
s_no
LEFT OUTER JOIN course c on sc.c_no=c.c_no;
SELECT s_name,c_name,report FROM students LEFT OUTER JOIN score USING(s_no)
LEFT OUTER JOIN course USING(c_no) ;
```

其运行结果如图9.25 所示。

s_name	c_name	report
文雨豪	MySQL	87.0
文雨豪	计算机文化	77.0
王俊豪	计算机文化	56.0
王俊豪	操作系统	66.0
邓华	MySQL	65.0
邓华	操作系统	76.0

图9.25　例9.33运行结果

其中,OUTER也可省略。

用RIGHT OUTER JOIN完成例9.25,查询所有学生的姓名以及所学课程的名称与成绩。

```
SELECT s_name,c_name,report FROM course RIGHT OUTER JOIN score USING(c_no)
RIGHT OUTER JOIN students USING(s_no);
SELECT s_name,c_name,report FROM course JOIN score USING(c_no)
RIGHT OUTER JOIN students USING(S_NO);
```

9.2.5　嵌套查询

嵌套查询通常是指在一个SELECT语句的WHERE或HAVING语句中,又嵌套有另一个SELECT语句,使用子查询的结果作为条件的一部分。在嵌套查询中,上层的SELECT语句块称为父查询或外层查询,下层的SELECT语句块称为子查询或内层查询。

SQL标准允许SELECT多层嵌套使用,用来表示复杂的查询。子查询可以使用在SELECT、INSERT、UPDATE或DELETE语句中。除嵌套在WHERE子句中外,子查询还嵌套在SELECT子句、嵌套在FROM子句、HAVING子句中。

子查询通常与IN、EXISTS谓词及比较运算符等操作符结合使用。根据子查询的结果可以将子查询分为4种类型:返回一个表的表子查询;返回带有一个或多个值的一行的行子查询;返回一行或多行,每行只有一个值的列子查询;只返回一个值的标量子查询。

标量子查询既是列子查询也是行子查询。

其中,子查询需要用圆括号括起来;子查询不支持ORDER BY子句,不支持LIMIT;子查询结果值必须与WHERE子句要求的数据类型匹配,不能包含text或blob数据类型的字段;子查询中也可以再包含子查询,嵌套可以多至32层;子查询在FROM子句中时,必须为其定义一个别名;SELECT关键字后面也可以定义子查询;子查询执行效率并不理想,在一般情况下不推荐使用子查询,建议多用连接查询。

(1)嵌套在WHERE子句中

这是子查询的最常用形式,语法格式如下:

```
SELECT select_list FROM tbl_name WHERE expression =(subquery);
```

(subquery)表示子查询,该子查询语句返回的是一个值,也就是列子查询。其查询语句将以子查询的结果作为WHERE子句的条件进行查询。

【例9.34】 查询信息学院的学生信息。

```
SELECT *  FROM students WHERE
d_no=(SELECT d_no FROM departments WHERE d_name='电子信息学院');
```

其运行结果如图9.26所示。

× s_no	s_name	sex	birthday	d_no	address	phone	photo
169001412	谭理林	男	1998-09-11	D006	重庆市垫江县	13101154151	
169001421	易玲	男	1998-02-10	D006	重庆市合川	15736533610	
169001427	陈垚辉	男	1997-09-09	D006	重庆市万州区	13452665836	

图9.26 例9.34运行结果

该子查询是一个标量子查询,"="号后只能跟标量子查询作条件值。

在执行查询时,先执行内层的子查询,返回一个结果集(中间表),然后再以此值作为条件执行外层的父查询。

嵌套在WHERE子句的查询还有另一种形式:

SELECT select_list FROM tbl_name WHERE expression IN[NOT IN](subquery);

子查询语句返回的是一个范围,即行子查询,查询语句将以子查询的结果作为WHERE子句的条件进行查询。这种查询也称为IN子查询。

如果在子查询中使用比较运算符(>、<、<>等)作为WHERE子句的关键词,这样的查询也称为比较子查询。

(2)嵌套在SELECT子句中

把子查询的结果放在SELECT子句后面作为查询的一个列值,其值是唯一的。语法格式如下:

SELECT select_list,(subquery)FROM tbl_name;

【例9.35】 从score表中查找所有学生的平均成绩,以及与'169001404'号学生的平均成绩差距。

```
SELECT s_no, AVG(report), AVG(report)-(SELECT AVG(report)
FROM score WHERE s_no='169001404')
AS 成绩差距 FROM score GROUP BY s_no;
```

其运行结果如图9.27所示。

× s_no	AVG(rep...	成绩差距
169001401	82.00000	22.00000
169001402	61.00000	1.00000
169001403	70.50000	10.50000
169001404	60.00000	0.00000
169001405	67.00000	7.00000
169001406	66.00000	6.00000
169001407	84.00000	24.00000
169001408	66.00000	6.00000
169001409	76.00000	16.00000

图9.27 例9.35运行结果

把 SELECT 子查询作为算术表达式的一部分输出,该子查询只能返回一个列值,如果返回多行记录将出错。

(3)嵌套在 FROM 子句中

这种查询通过子查询执行的结果来构建一张新的表,用来作为主查询的对象。其语法格式如下:

SELECT select_list FROM(subquery)AS name WHERE expression;

【**例** 9.36】　从 students 表中查找成绩在 80~90 分的学生。

```
SELECT s_no, c_no,report
FROM (SELECT s_no,c_no,report
FROM score
WHERE report>80 AND report<90
) AS stu;
```

其运行结果如图 9.28 所示。

× s_no	c_no	report
169001401	A001	87.0
169001406	A002	87.0
169001409	B002	89.0
169001411	B004	87.0
169001412	A002	84.0
169001425	A003	87.0

图 9.28　例 9.36 运行结果

FROM 后面的子查询得到的是一张虚拟表,要用 AS 子句定义一个表名称。该句法非常强大,一般在一些复杂的查询中用到。

(4) IN 子查询

通过使用 IN 关键字可以把原表中目标列的值和子查询返回的结果集进行比较,进行一个给定值是否在子查询结果集中的判断,如果列值与子查询的结果一致或存在与之匹配的数据行,则查询结果包含该数据行。其语法格式如下:

SELECT select_list FROM tbl_name WHERE expression IN[NOT IN](subquery);

当表达式与子查询的结果表中的某个值相等时,则返回 TRUE,否则返回 FALSE;若使用了 NOT,则返回的值刚好相反。

【**例** 9.37】　查找不及格的学生姓名,并按 s_name 降序排序。

```
SELECT s_name FROM students WHERE s_no IN
(SELECT s_no FROM score WHERE report<60)
ORDER BY s_name DESC;
```

其运行结果如图 9.29 所示。

图 9.29　例 9.37 运行结果

（5）比较子查询

比较子查询可以被认为是 IN 子查询的扩展，它使表达式的值与子查询的结果集进行比较运算。其语法格式如下：

SELECT select_list

FROM tbl_name

WHERE expression ｛＜ ｜ ＜ ＝ ｜ ＝ ｜ ＞ ｜ ＞ ＝ ｜ ！ ＝ ｜ ＜＞｝｛ALL ｜ SOME ｜ ANY｝（subquery）；

ALL 指定表达式要与子查询结果集中的每个值都进行比较，当表达式与每个值都满足比较的关系时，才返回 TRUE。

SOME 或 ANY 是同义词，表示表达式只要与子查询结果集中的某个值满足比较的关系时，就返回 true。

【例 9.38】　查找 students 表中比所有电子信息学院的学生年龄都大的学生学号和姓名。

```
SELECT s_no, s_name FROM students WHERE birthday >ALL
(SELECT birthday FROM students WHERE d_no =(SELECT d_no
FROM departments WHERE d_name ='电子信息学院'));
```

其运行结果如图 9.30 所示。

图 9.30　例 9.38 运行结果

（6）EXISTS 子查询

在子查询中，可以使用 EXISTS 和 NOT EXISTS 操作符判断某个值是否在一系列的值中。

外层查询测试子查询返回的记录是否存在，基于查询所指定的条件，子查询返回 TRUE 或 FALSE，子查询不产生任何数据。

【例 9.39】　查找有不及格科目的学生信息。

```
SELECT s_no,s_name FROM students WHERE
EXISTS(SELECT *  FROM score
WHERE students.s_no=score.s_no AND report<60) ;
```

其运行结果如图 9.31 所示。

其中，查找外层表“students”的第 1 行，根据其“s_no”值处理内层查询；用外层的“s_no”与内层表“score”的“s_no”比较，由此决定外层条件的真、假，如果为真，则此记录为符合条件的结果；反之，则不输出。顺序处理外层表“students”中的其他行。

s_no	s_name
169001402	王俊豪
169001406	赵强
169001412	谭理林
169001428	孙佳慧

图 9.31　例 9.39 运行结果

9.2.6　联合查询

联合查询是指将多个 SELECT 语句返回的结果通过 UNION 组合到一个结果集中。

参与查询的 SELECT 语句中的列数和列的顺序必须相同，数据类型也必须兼容。

SELECT …UNION【ALL | DISTINCT】SELECT …【UNION【ALL | DISTINCT】SELECT …】

其中，若不使用 ALL，系统自动删除重复行；查询结果的列标题是第一个查询语句中的列标题；ORDER BY 和 LIMIT 子句只能在整个语句最后指定，且使用第一个查询语句中的列名、列标题或序列号。

【例 9.40】　连接查询 169001407 和 169001411 学生的信息。

```
SELECT s_no AS 学号,s_name AS 姓名,sex AS 性别
FROM students
WHERE s_no='169001407'
UNION
SELECT s_no,s_name,sex
FROM students
WHERE s_no='169001411';
```

其运行结果如图 9.32 所示。

学号	姓名	性别
169001407	刘磊	男
169001411	董浩	男

图 9.32　例 9.40 运行结果

本章小结

本章主要介绍了数据库的通用查询,包括关系代数中传统的集合运算和专门的关系运算,以及 SELECT 语法结构、SELECT 语法结构的基本子句、使用聚合函数进行查询统计、多表连接查询、嵌套查询和联合查询的操作等。

课后习题

1. 现有如下关系:

职工(职工号,姓名,性别,职务,家庭地址,部门编号)
部门(部门编号,部门名称,地址,电话)
保健(保健卡编号,职工号,检查身体日期,健康状况)
现有若干数据见表 9.4 至表 9.6。

表9.4 职 工

职工号	姓 名	性 别	职 务	家庭地址	部门编号
K017	刘文艳	女	部长	沿江路 29 号	E02
K021	张邱建	男	副部长	建设北路 37 号	E02
K045	李楠	男	部员	南京路 142 号	E03
K019	周科宇	男	部长	立新街 54 号	E04
K112	林娜	女	部员	北京路 97 号	E04

表9.5 部 门

部门编号	部门名称	地 址	电 话
E01	总务部	2 楼	67823901
E02	财务部	3 楼	67823902
E03	销售部	4 楼	67823903
E04	国际部	5 楼	67823904
E05	销售部	6 楼	67823905

表 9.6 保 健

保健卡编号	职工号	检查身体日期	健康状况
D007	K017	2016/03/09	良好
D009	K021	2016/03/11	良好
D012	K045	2016/03/12	很差
D024	K019	2016/03/10	一般
D036	K112	2016/03/13	良好

用关系代数表达式写出：

(1)查询所有女部长的姓名和家庭地址。

(2)查询"国际部"的部长姓名和家庭地址。

(3)查询"财务部"中健康状况为"良好"的职工姓名和家庭地址。

2.已知一组关系模式(表 9.7 至表 9.10)：

部门(部门编号,部门名称,电话号码)

职工(职工编号,姓名,性别,职务,部门编号)

工程(项目编号,项目名称,经费预算)

施工(职工编号,项目编号,工时)

根据这组关系模式,用关系代数表达式写出：

(1)职务为"工程师"的姓名和部门名称。

(2)姓名为"潘小光"的职工所在的部门名称和电话号码。

表 9.7 部 门

部门编号	部门名称	电话号码
A401	技术研发部	87423601
A402	质量管理部	87423602
B204	生产作业部	87423603
B205	物流控制部	87423604
B206	市场营销部	87423605

表 9.8 职 工

职工编号	姓 名	性 别	职 务	部门编号
E0524	李晓明	男	高级工程师	A401
E0528	赵玉林	男	工程师	A402
E0530	孙雯	女	工程师	B204
E0533	潘小光	男	助工	B204
E0541	张丽敏	女	助工	B206

表9.9 工　程

项目编号	项目名称	经费预算/万元
K201621	助老助残自动烹饪机器人	20
K201643	机器人餐厅多机器人系统	15
K201704	烹饪机器人烹饪工艺关键动作实验分析研究	40
K201725	烹饪机器人烹饪机理实现研究	32
K201832	烹饪工艺自动化、智能化研究	60

表9.10 施　工

职工编号	项目编号	工时
E0524	K201621	12 月
E0528	K201643	8 月
E0530	K201704	10 月
E0528	K201725	10 月
E0524	K201832	15 月

3.写出下列题目的查询语句。

(1)查询与叶明在同一个系的学生的基本信息。

(2)查询分数最高的成绩记录。

(3)查询课程表中比所有专业基础课的课程学分都多的课程信息。

(4)查询成绩高于叶明的某门课程成绩的学生学号、姓名。

(5)查询每门课程都不及格的学生信息。

(6)查询课程号为'b001'的最高分、最低分、平均分、选修学生的人数。

(7)查询课程为"数据结构"的成绩在前5名的学生信息,该信息包括学号、姓名、成绩,成绩按降序排列。

(8)查询每一门课程成绩都大于80分的学生的学号、姓名。

模块三　数据库维护

数据库试运行合格后,数据库开发工作就基本完成了,但是由于应用环境不断变化,数据库运行过程中物理存储也会不断变化,对数据库设计进行评价、调整、修改等维护工作是一个长期的任务,也是设计工作的继续和提高。

数据库的维护工作主要包括:

1)数据库的转储和恢复

数据库的转储和恢复是系统正式运行后最重要的维护工作之一。

2)数据库的安全性、完整性控制

在数据库运行过程中,由于应用环境的变化,对安全性的要求也会发生变化,系统中用户的密级也会改变,需要数据库管理员不断修正以满足用户要求。

3)数据库性能的监督、分析和改造

在数据库运行过程中,监督系统运行,对监测数据进行分析,找出改进系统性能的方法是数据库管理员的又一重要任务。

4)数据库的重组织与重构造

数据库运行一段时间后,由于记录不断增、删、改,将会使数据库的物理存储情况变坏,降低数据的存取效率,使数据库性能下降,这时数据库管理员就要对数据库进行重组织或部分重组织(只对频繁增、删的表进行重组织)。

第 10 章　运行原理

本章主要介绍 MySQL 的运行原理。MySQL 在整个网络环境中采用客户端/服务器（Client/Server）架构。也就是说,其核心程序扮演着服务器的角色,而各个客户端程序连接到服务器并提出请求。

学习目标:

- 理解 MySQL 总体结构;
- 理解 MySQL 内部执行过程。

10.1　MySQL 总体结构

MySQL 客户端/服务器通信协议是"半双工"的。在任一时刻,要么是服务器向客户端发送数据,要么是客户端向服务器发送数据,这两个动作不能同时发生。一旦一端开始发送消息,另一端要接收完整个消息才能响应它,所以我们无法也无须将一个消息切成小块独立发送,也没有办法进行流量控制,如图 10.1 所示。

（1）*服务器端程序*

MySQL Server 实际上是一个数据库服务器程序。它管理着对磁盘数据库和内存的访问。MySQL Server 进行多线程操作,它支持多个客户端连接的同时访问。为了更好地管理数据库内容,MySQL Server 的特色架构模型支持多种存储引擎以处理不同类型的表（例如,它同时支持事务和非事务表）。

（2）*MySQL 自带的客户端*

客户端程序被用于和 Server 进行通信以修改服务器端 Server 管理的数据库信息。MySQL 提供了多种客户端工具程序:

①MySQL Workbench:一种作为访问 MySQL Server 的图形化的前端工具（具有 MySQL

Query Browser 和 MySQL Administrator 相关功能,MySQL Query Browser 和 MySQL Administrator 现已不再提供更新)。

②MySQL,一种文本形式的命令行前端工具。

③其他命令行客户端工具包括导入数据文件用的 MySQLimport,生成备份的 MySQLdump,作为服务器管理的 MySQLadmin 和用于检查数据库文件完整性的 MySQLcheck。

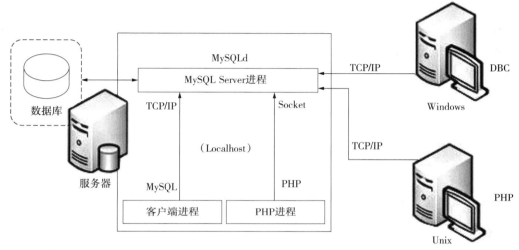

图 10.1　MySQL 客户端/服务器模型

MySQL 可运行于 Windows、Unix 和 Linux 平台上,但客户端和服务器之间的沟通并不受限于所运行的操作系统。客户端程序和服务器之间的连接可以在同一台主机上进行,也可以在不同的主机间进行,且客户端主机和服务器主机不需要操作系统保持一致。例如,客户端程序可以运行在 Windows 上,而所连接的 Server 则运行在 Linux host 上。

(3)通信协议

以下详细描述了和 MySQL Server 进行交互所使用的各种不同通信协议:

①TCP/IP:传输控制协议(Transmission Control Protocol)/互联网协议(Internet Protocol)是一套被用于连接互联网上各主机的通信协议。TCP/IP 一开始是用于 Unix 操作系统建立互联网通信的。现在它已经成了一种网络数据传输的事实标准。即便那些拥有自己通信协议的网络操作系统,如 Netware 也支持 TCP/IP 协议。

②Unix Socket:在计算机世界,一个 Socket 是一种内部进程通信形式,它被用于在相同主机上形成进程间的双向通信连接点(在本地系统上的一个物理文件)。

③共享内存(Shared Memory):它是一个在程序间传送数据的有效方法。一个程序会建立一个内存区以提供其他受允许的进程进行访问。Windows 显式"passive"连接模式仅可工作于(Windows 系统)主机中。

④NT 管道:这种命名管道设计更偏向于客户端-服务器通信,它们更像 Socket:除了用于通常的读写操作外,Windows 命名管道也同时对 Server 应用支持显式"passive"被动连接模式。仅在单独(Windows 平台)主机中运行。

（4）MySQL 非客户端工具

①myisamchk 程序运行时独立于 Server 之外，在操作时并不会和 Server 建立连接，它执行表检查及修复操作。

②myisampack 用于建立压缩的只读版本的 MyISAM 表。

这两个工具都可以直接对 MyISAM 表文件进行访问，且独立于 MySQLd 数据库 Server 之外。

MySQL 的"客户端/服务器"体系结构的优点有以下两点：首先，并发控制，由服务器提供，因而不会出现两个用户同时修改同一条记录的现象。其次，可以客户端远程登录。

10.2　MySQL 内部执行过程

MySQL 从概念上分为 4 层，这 4 层自顶向下分别是网络连接层、服务层（核心层）、存储引擎层和系统文件层。通过 MySQL 的架构图，如图 10.2 所示，让我们对 MySQL 有一个整体的把握，对于以后深入理解 MySQL 有很大的帮助。例如，很多查询优化工作实际上就是遵循一些原则让 MySQL 的优化器能够按照预想的合理方式运行。

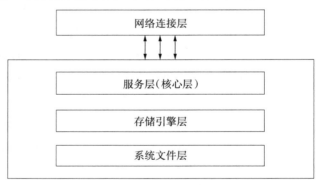

图 10.2　MySQL 的架构图

10.2.1　网络连接层

网络连接层并不是 MySQL 所特有的技术。该层主要负责连接管理、授权认证、安全等。每个客户端连接都对应着服务器上的一个线程。服务器上维护了一个线程池，避免为每个连接都创建销毁一个线程。当客户端连接到 MySQL 服务器时，服务器对其进行认证。它可以通过用户名与密码认证，也可以通过 SSL 证书进行认证。登录认证后，服务器还会验证客户端是否有执行某个查询的操作权限。

10.2.2　服务层

服务层是 MySQL 的核心，MySQL 的核心服务层都在这一层，查询解析，SQL 执行计划分析，SQL 执行计划优化，查询缓存，以及跨存储引擎的功能都在这一层实现：存储过程、触发器、视图等。MySQL 服务层内部执行的过程如图 10.3 所示。

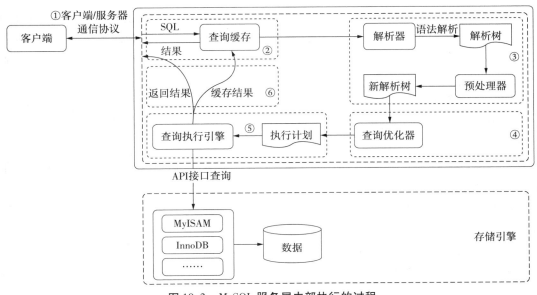

图 10.3　MySQL 服务层内部执行的过程

SQL 语句在服务层中的具体流程如下：

1）查询缓存

在解析查询之前，服务器会检查查询缓存，如果能找到对应的查询，服务器不必进行查询解析、优化和执行的过程，直接返回缓存中的结果集。

2）解析器与预处理

MySQL 会解析查询，并创建了一个内部数据结构（解析树）。这个过程解析器主要通过语法规则来验证和解析。例如，SQL 中是否使用了错误的关键字或者关键字的顺序是否正确等。预处理会根据 MySQL 的规则进一步检查解析树是否合法。例如，要查询的数据表和数据列是否存在等。

3）查询优化器

查询优化器将其转化成查询计划。大多数情况下，一条查询可以有很多种执行方式，最后都返回相应的结果。优化器的作用是找到其中最好的执行计划。优化器并不关心使用什么存储引擎，但是存储引擎对优化查询是有影响的。优化器要求存储引擎提供容量或某个具体操作的开销信息来评估执行时间。

4)查询引擎

在完成解析和优化阶段以后,MySQL 会生成对应的执行计划,查询执行引擎根据执行计划给出的指令调用存储引擎的接口得出结果。

10.2.3　存储引擎层

存储引擎层负责 MySQL 中数据的存储与提取。服务器中的查询执行引擎通过 API 与存储引擎进行通信,通过接口屏蔽不同存储引擎之间的差异。MySQL 采用插件式的存储引擎,并为我们提供了许多存储引擎,每种存储引擎都有不同的特点。我们可以根据不同的业务特点,选择适合的存储引擎。

MySQL 中常见的存储引擎如下:

①InnoDB:给 MySQL 的表提供事务处理、回滚、崩溃修复能力和多版本并发控制的事务安全。

②MyISAM:MyISAM 是 MySQL 的默认存储引擎,是基于 ISAM 引擎发展起来的,且增加了许多有用的扩展。

③MEMORY:MySQL 中一类特殊的存储引擎。它使用存储在内存中的内容来创建表,而且数据全部放在内存中。

同一个数据库可以使用多种存储引擎的表。如果一个表要求比较高的事务处理,可以选择 InnoDB。这个数据库中可以将查询要求比较高的表选择 MyISAM 存储。如果该数据库需要一个用于查询的临时表,可以选择 MEMORY 存储引擎。

10.2.4　系统文件层

系统文件层主要是将数据库的数据存储在文件系统之上,并完成与存储引擎的交互。

(1)MyISAM 物理文件结构

①先建一个 MyISAM 存储引擎表,如图 10.4 所示。

图 10.4　MyISAM 存储引擎表

②进入 MySQL 数据存储目录,查看数据表在文件上的体现,如图 10.5 所示。

图 10.5　MySQL 数据存储目录

.frm 文件：与表相关的元数据信息都存放在 frm 文件，包括表结构的定义信息等。

.MYD 文件：MyISAM 存储引擎专用，用于存储 MyISAM 表的数据。

.MYI 文件：MyISAM 存储引擎专用，用于存储 MyISAM 表的索引相关信息。

（2）InnoDB 物理文件结构

①先建两个 InnoDB 存储引擎表，如图 10.6 和图 10.7 所示。

图 10.6 创建表 Innodb-table

图 10.7 创建表 Innodb-table 2

②进入 MySQL 数据存储目录，查看数据表在文件上的体现，如图 10.8 所示。

图 10.8 MySQL 数据存储目录

注意上面的每个表都有一个 ∗.frm 与 ∗.ibd 后缀文件，它们的作用分别是：

.frm 文件：与表相关的元数据信息都存放在 frm 文件中，包括表结构的定义信息等。

.ibd 文件：存放 InnoDB 表的数据文件。

本章小结

本章对 MySQL 的运行原理作了详细的介绍。其中，包括 MySQL 的总体结构和内部执行过程。

课后习题

1. 简述 MySQL 的总体结构。
2. 分析 MySQL 与 SQL Server 内部执行过程的区别。
3. 简述 SQL 语句在服务层中的具体流程。

第 11 章　事务及锁

本章主要介绍事务和锁。事务与锁是不同的。事务具有 ACID(原子性、一致性、隔离性和持久性),锁是用于解决隔离性的一种机制。

学习目标:

- 理解事务的概念;
- 理解事务的特性;
- 掌握开始事务、提交事务、回滚事务的语法;
- 理解死锁的几种情况;
- 掌握如何避免死锁、解决冲突的问题;
- 理解事务的隔离级别。

11.1　事　务

所谓事务是用户定义的一个数据库操作系列,这些操作要么全部执行,要么全部不执行,是一个不可分割的工作单位。例如,在关系数据库中,一个事务可以是一条 SQL 语句、一组 SQL 语句或整个程序。

例如,小 IT 在网上购物,其付款过程至少包括以下几步数据库操作:

①更新客户所购商品的库存信息。

②生成订单并且保存到数据库。

③更新用户相关信息,如购物数量等。

正常情况下,操作顺利进行,最终交易成功,那么与交易相关的所有数据库信息也成功更新。但是,如果在这一系列过程中任何一个环节出了差错,例如在更新商品库存信息时发生异常、该顾客银行账户存款不足等,都将导致交易失败。一旦交易失败,数据库中的所有信息都必须保持交易前的状态不变,例如,最后一步更新用户信息失败而导致交易失败,那么必须保证这笔失败的交易不影响数据库的状态——库存信息没有被更新、用户也没有付款、订单也没有生成。否则,数据库的信息将会一片混乱而不可预测。数据库事务正是用来保证这种情况下交易的平稳性和可预测性的技术。

11.1.1　事务的特性

（1）A（Atomicity）**原子性**

事务必须是原子工作单元,对于其数据修改,要么全都执行,要么全都不执行。通常,与某个事务关联的操作具有共同的目标,并且是相互依赖的。如果系统只执行这些操作的一个子集,则可能会破坏事务的总体目标。原子性消除了系统处理操作子集的可能性。

（2）C（Consistency）**一致性**

事务在完成时,必须使所有的数据都保持一致状态。在相关数据库中,所有规则都必须应用于事务的修改,以保持所有数据的完整性。事务结束时,所有的内部数据结构（如 B 树索引或双向链表）都必须是正确的。某些维护一致性的责任由应用程序开发人员承担,他们必须确保应用程序已强制所有已知的完整性约束。例如,当开发用于转账的应用程序时,应避免在转账过程中任意移动小数点。

（3）I（Isolation）**隔离性**

隔离性指的是在并发环境中,当不同的事务同时操纵相同的数据时,每个事务都有各自的完整数据空间。由并发事务所做的修改必须与任何其他并发事务所做的修改隔离。事务查看数据更新时,数据所处的状态要么是另一事务修改它之前的状态,要么是另一事务修改它之后的状态,事务不会查看到中间状态的数据。

（4）D（Durability）**持久性**

持久性指的是只要事务成功结束,它对数据库所做的更新就必须永久保存下来。即使发生系统崩溃,重新启动数据库系统后,数据库还能恢复到事务成功结束时的状态。

事务的 ACID 特性是由关系数据库管理系统（RDBMS,数据库系统）来实现的。数据库管理系统采用日志来保证事务的原子性、一致性和持久性。日志记录了事务对数据库所做的更新,如果某个事务在执行过程中发生错误,就可以根据日志,撤销事务对数据库已做的更新,使数据库退回到执行事务前的初始状态。数据库管理系统采用锁机制来实现事务的隔离性。当多个事务同时更新数据库中相同的数据时,只允许持有锁的事务更新数据,其他事务必须等待,直到前一个事务释放了锁,其他事务才有机会更新该数据。

11.1.2　事务的结构

BEGIN a transaction；　　//设置事务的起始点
COMMIT a transaction；　　//提交事务,使事务提交的数据成为持久不可更改的部分
ROLLBACK a transaction；　　//撤销一个事务,回滚,使之成为事务开始前的状态
SAVE a transaction；　　//建立标签,用作部分回滚,使之恢复到标签初的状态

11.1.3　事务操作

下面通过一个案例来了解事务及事务的操作:银行的数据库里存储着用户的账户信息表,当用户 A 向用户 B 转账时,正常情况下,A 账户的余额减少,B 账户的余额增加;由于某种原因(如突然断电),A 账户的余额减少之后,B 账户的余额并没有增加,这就造成了数据库数据的安全隐患。

解决方案:当 A 账户的余额减少之后,不要立即修改数据表,而是在确认 B 账户的余额增加之后,同时修改数据表。

首先,执行如下 SQL 语句,创建银行账户表并插入数据:

```
--创建银行账户表
CREATE TABLE bank_account(
  id int PRIMARY KEY auto_increment,
  cardno varchar(16) NOT NULL UNIQUE COMMENT 'bank card number',
  name varchar(20) NOT NULL,
  money decimal(10,2) DEFAULT 0.0 COMMENT 'account balance'
)CHARSET UTF8;
```

```
--插入数据
INSERT INTO bank_account VALUES
(NULL, '0000000000000001', 'Charies',8000),
(NULL, '0000000000000002', 'Gavin',6000);
```

```
--查询当前表中两个账户的余额
mysql> SELECT *  FROM bank_account;
```

接下来,了解事务的操作步骤。

第 1 步:开启事务,告诉系统以下所有操作,不要直接写入数据库,先存到事务日志。

基本语法:START TRANSACTION；

执行如下 SQL 语句,开启事务:

```
--开启事务
START TRANSACTION;
```

第 2 步:减少 Charies 账户的余额。

```
--更新 Charies 账户余额
UPDATE bank_account SET money = money -1000 WHERE ID =1;
--查询 bank_account 表数据
SELECT *  FROM bank_account;
```

Charies 账户的余额显示减少 1 000,但事实上,由于我们开启了事务,数据表真实的数据并没有同步更新。为了验证这个论断,我们重新打开一个数据库客户端,查询 bank_account 表的数据。

如图 11.1 所示,显然数据库的事务安全机制起了作用,当开启(手动)事务之后,其后一系列操作并没有直接写入数据库,而是存入了事务日志。在这里,我们并没有打开数据库事务的日志进行验证,因为事务日志存储的是经过编译之后的字节码文件。

图 11.1　Charies 账户余额

第 3 步:增加 Gavin 账户的余额。

```
--更新 Gavin 账户余额
UPDATE bank_account SET money = money +1000 WHERE ID =2;
--查询 bank_account 表数据
SELECT *  FROM bank_account;
```

如图 11.2 所示,Gavin 账户的余额显示增加 1 000,但是,由于开启了事务,数据表真实的数据仍然没有同步更新。

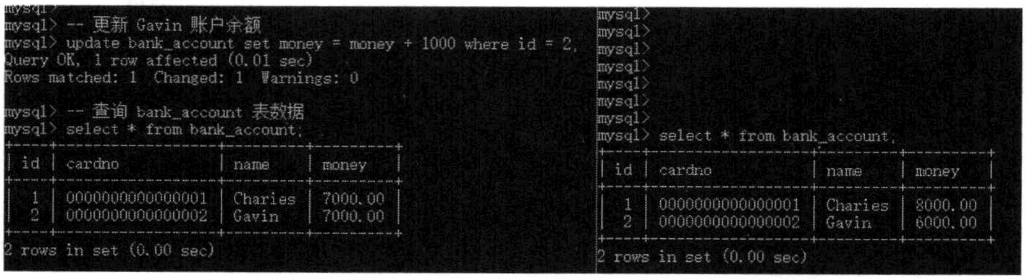

图 11.2　Gavin 账户余额

第 4 步：提交事务或回滚事务。

提交事务基本语法：COMMIT；

回滚事务基本语法：ROLLBACK；

如果选择提交事务,则将事务日志存储的记录直接更新到数据库,并清除事务日志;如果选择回滚事务,则直接将事务日志清除,所有在开启事务至回滚事务之间的操作失效,保持原有的数据库记录不变。在这里,我们以提交事务为例：

```
--提交事务
COMMIT;
--查询 bank_account 表数据
SELECT *  FROM bank_account;
```

如图 11.3 所示,当我们提交事务之后,数据库的真实记录更新,两个客户端的数据一致。

图 11.3　提交事务

在此,值得注意的是：当我们提交事务之后,在进行回滚事务时是不起作用的,因为事务日志在提交事务的同时已经被清除。

11.2　锁

数据库和操作系统一样,是一个多用户使用的共享资源。当多个用户并发地存取数据时,在数据库中就会产生多个事务同时存取同一数据的情况。若对并发操作不加控制就可能会读取和存储不正确的数据,破坏数据库的一致性。加锁是实现数据库并发控制的一个非常重要的技术。在实际应用中经常会遇到的与锁相关的异常情况,当两个事务需要一组有冲突的锁,而不能将事务继续下去的话,就会出现死锁,严重影响应用的正常执行。

在数据库中有两种基本的锁类型：排他锁（Exclusive Locks,即 X 锁）和共享锁（Share Locks,即 S 锁）。当数据对象被加上排他锁时,其他的事务不能对它读取和修改。加了共享锁的数据对象可以被其他事务读取,但不能修改。数据库利用这两种基本的锁类型来对数据库的事务进行并发控制。

11.2.1 死锁的几种情况

(1)死锁的第一种情况

一个用户 A 访问表 A(锁住了表 A),然后又访问表 B;另一个用户 B 访问表 B(锁住了表 B),然后企图访问表 A;这时用户 A 由于用户 B 已经锁住表 B,它必须等待用户 B 释放表 B 才能继续,同样用户 B 要等待用户 A 释放表 A 才能继续,从而产生了死锁。

解决方法:这种死锁比较常见,是因程序的 Bug 产生的,除了调整程序的逻辑外没有其他办法。仔细分析程序的逻辑,对于数据库的多表操作时,尽量按照相同的顺序进行处理,尽量避免同时锁定两个资源,如操作 A 和 B 两张表时,总是按先 A 后 B 的顺序处理,必须同时锁定两个资源时,要保证在任何时刻都应该按照相同的顺序来锁定资源。

(2)死锁的第二种情况

用户 A 查询一条记录,然后修改该条记录;这时用户 B 修改该条记录,这时用户 A 的事务里锁的性质由查询的共享锁企图上升到独占锁,而用户 B 里的独占锁因为 A 有共享锁存在所以必须等 A 释放掉共享锁,而 A 因 B 的独占锁而无法上升的独占锁也就不可能释放共享锁,于是出现了死锁。这种死锁比较隐蔽,但在稍大点的项目中经常发生。如在某项目中,页面上的按钮单击后,没有使按钮立刻失效,使得用户会多次快速单击同一按钮,这样同一段代码对数据库同一条记录进行多次操作,很容易就出现这种死锁的情况。

解决方法:

①对于按钮等控件,单击后使其立刻失效,不让用户重复单击,避免同时对同一条记录进行操作。

②使用乐观锁进行控制。乐观锁大多是基于数据版本(Version)记录机制实现的。即为数据增加一个版本标识,在基于数据库表的版本解决方案中,一般通过为数据库表增加一个"Version"字段来实现。读出数据时,将此版本号一同读出,之后更新时,对此版本号加一。此时,将提交数据的版本数据与数据库表对应记录的当前版本信息进行比对,如果提交的数据版本号大于数据库表当前的版本号,则予以更新,否则认为是过期数据。乐观锁机制避免了长事务中的数据库加锁开销(用户 A 和用户 B 操作过程中,都没有对数据库数据加锁),大大提升了系统整体性能表现。Hibernate 在其数据访问引擎中内置了乐观锁实现。需要注意的是,由于乐观锁机制是在系统中实现的,来自外部系统的用户更新操作不受系统的控制,因此可能会造成脏数据被更新到数据库中。

③使用悲观锁进行控制。悲观锁大多数情况下依靠数据库的锁机制实现,如 Oracle 的 SELECT … FOR UPDATE 语句,以保证操作最大限度的独占性。但随之而来的就是数据库性能的大量开销,特别是对长事务而言,这样的开销往往无法承受。如一个金融系统,当某个操作员读取用户的数据,并在读出的用户数据的基础上进行修改时(如更改用户账户

余额),如果采用悲观锁机制,也就意味着整个操作过程中(从操作员读出数据、开始修改直至提交修改结果的全过程),数据库记录始终处于加锁状态,可以想见,如果面对成百上千个并发,这样的情况将导致灾难性的后果。所以,采用悲观锁进行控制时一定要考虑清楚。

(3)死锁的第三种情况

如果在事务中执行了一条不满足条件的 UPDATE 语句,则执行全表扫描,把行级锁上升为表级锁,多个这样的事务执行后,就很容易产生死锁和阻塞。类似的情况还有当表中的数据量非常庞大而索引建得过少或不合适时,使得经常发生全表扫描,最终应用系统会越来越慢,发生阻塞或死锁。

解决方法:SQL 语句中不要使用太复杂的关联多表的查询;使用"执行计划"对 SQL 语句进行分析,对于有全表扫描的 SQL 语句,应建立相应的索引进行优化。

总体上来说,产生内存溢出与锁表都是代码写的不好造成的,因此提高代码的质量是最根本的解决办法。有人认为,先将功能实现,有 Bug 时再在测试阶段进行修正,这种想法是错误的。正如一件产品的质量是在生产制造的过程中决定的,而不是质量检测时决定的。软件的质量在设计与编码阶段就已经决定了,测试只是对软件质量的一个验证,因为测试不可能找出软件中所有的 Bug。

11.2.2　如何避免死锁

①使用事务时,尽量缩短事务的逻辑处理过程,及早提交或回滚事务。

②设置死锁超时参数为合理范围,如 3 ~ 10 min;超过时间,自动放弃本次操作,避免进程悬挂。

③所有的 SP 都要有错误处理(通过@ERROR)。

④一般不要修改 SQL Server 事务的默认级别,不推荐强行加锁。

⑤优化程序,检查并避免死锁现象出现。

a. 合理安排表访问顺序。

b. 在事务中尽量避免用户干预,尽量使一个事务处理的任务少一些。

c. 采用脏读技术。脏读由于不对被访问的表加锁,而避免了锁冲突。在客户端/服务器的应用环境中,有些事务往往不允许读脏数据,但在特定的条件下,可以采用脏读。

数据访问时域离散法是指在客户端/服务器结构中,采取各种控制手段控制对数据库或数据库中的对象访问时间段。主要通过以下方式实现:合理安排后台事务的执行时间,采用工作流对后台事务进行统一管理。工作流在管理任务时,一方面限制同一类任务的线程数(往往限制为 1 个),防止资源过多占用;另一方面合理安排不同任务的执行时序、时间,尽量避免多个后台任务同时执行,另外,避免在前台交易高峰时间运行后台任务。

数据存储空间离散法是指采取各种手段,将逻辑上的一个表中的数据分散到若干离散的空间上去,以便改善对表的访问性能。主要通过以下方法实现:首先,将大表按行或列分解为若干小表;其次,按不同的用户群分解。

使用尽可能低的隔离性级别。隔离性级别是指为保证数据库数据的完整性和一致性而使多用户事务隔离的程度。SQL92 定义了 4 种隔离性级别,即未提交读、提交读、可重复读和可串行。如果选择过高的隔离性级别,如可串行,虽然系统可以因实现更好隔离性而更大程度上保证数据的完整性和一致性,但各事务间冲突而死锁的机会大大增加,大大影响了系统的性能。

使用 BOUND CONNECTIONS。BOUND CONNECTIONS 允许两个或多个事务连接共享事务和锁,而且任何一个事务连接要申请锁如同另一个事务要申请锁一样,因此,可以允许这些事务共享数据而不会有加锁的冲突。

考虑使用乐观锁定或使事务首先获得一个独占锁定。

11.2.3　冲突问题

(1) 脏读

某个事务读取的数据是另一个事务正在处理的数据。而另一个事务可能会回滚,造成第一个事务读取的数据是错误的。

(2) 不可重复读

在一个事务里两次读入数据,但在另一个事务已经更改了第一个事务涉及的数据,造成第一个事务读入旧数据。

(3) 幻读

幻读是指当事务不是独立执行时发生的一种现象。例如,第一个事务对一个表中的数据进行了修改,这种修改涉及表中的全部数据行。同时,第二个事务也修改这个表中的数据,这种修改是向表中插入一行新数据。那么,以后就会发生操作第一个事务的用户发现表中还有没有修改的数据行,就好像产生了幻觉一样。

(4) 更新丢失

多个事务同时读取某一数据,一个事务成功处理好了数据,被另一个事务写回原值,造成第一个事务更新丢失。

11.2.4　锁模式

(1) 共享锁

共享锁(S 锁)允许并发事务在封闭式并发控制下读取(SELECT)资源。有关详细信息,请参阅并发控制的类型(悲观锁和乐观锁)。资源上存在共享锁(S 锁)时,任何其他事务都不能修改数据。读取操作一完成,就立即释放资源上的共享锁(S 锁),除非将事务隔离级别设置为可重复读或更高级别,或者在事务持续时间内用锁定提示保留共享锁(S

锁）。

（2）更新锁（U 锁）

更新锁是共享锁和排他锁的结合。更新锁意味着在做一个更新时，一个共享锁在扫描完成符合条件的数据后可能会转化成排他锁。

这里面有两个步骤：

①扫描获取 WHERE 条件时。这部分是一个更新查询，此时是一个更新锁。

②如果将执行写入更新。此时该锁升级到排他锁。否则，该锁转变成共享锁。

更新锁可以防止常见的死锁。

（3）排他锁

排他锁（X 锁）可以防止并发事务对资源进行访问。排他锁不与其他任何锁兼容。使用排他锁（X 锁）时，任何其他事务都无法修改数据；仅在使用 NOLOCK 提示或未提交读隔离级别时才会进行读取操作。

（4）悲观锁

悲观锁是指假设并发更新冲突会发生，所以不管冲突是否真的发生，都会使用锁机制。

悲观锁会完成以下功能：锁住读取的记录，防止其他事务读取和更新这些记录。其他事务会一直阻塞，直到这个事务结束。

悲观锁是在使用了数据库的事务隔离功能的基础上，独享占用的资源，以此保证读取数据的一致性，避免修改丢失。

悲观锁可以使用 REPEATABLE READ 事务，它完全满足悲观锁的要求。

（5）乐观锁

乐观锁不会锁住任何东西，也就是说，它不依赖数据库的事务机制，乐观锁完全是应用系统层面的东西。

如果使用乐观锁，那么数据库就必须加版本字段，否则就只能比较所有字段，但因为浮点类型不能比较，所以实际上没有版本字段是不可行的。

11.2.5 事务隔离级别

数据库事务的隔离级别有 4 个，由低到高依次为 READ UNCOMMITTED、READ COMMITTED、REPEATABLE READ、SERIALIZABLE，这 4 个级别可以逐个解决脏读、不可重复读、幻读这几类问题。

（1）READ UNCOMMITTED——读未提交

①READ UNCOMMITTED 事务可以读取事务已修改、但未提交的记录。

②READ UNCOMMITTED 事务会产生脏读（Dirty Read）。

③READ UNCOMMITTED 事务与 SELECT 语句加 NOLOCK 的效果一样，它是所有隔离级别中限制最少的。

例如,公司发工资了,领导把 5 000 元打到 singo 的账号上,但是该事务并未提交,而 singo 正好去查看账户,发现工资已经到账,是 5 000 元整,非常高兴。可是不幸的是,领导发现发给 singo 的工资金额不对,是 2 000 元,于是迅速回滚了事务,修改金额后,将事务提交,最后 singo 实际的工资只有 2 000 元,singo 空欢喜一场。

出现如图 11.4 所示的情况,即我们所说的脏读,两个并发的事务为"事务 A:领导给 singo 发工资"和"事务 B:singo 查询工资账户",事务 B 读取了事务 A 尚未提交的数据。

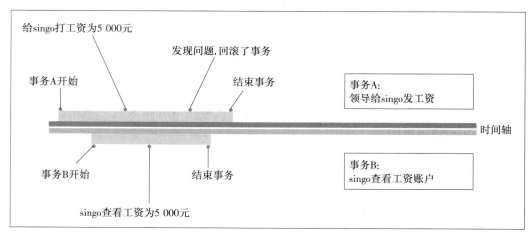

图 11.4

当隔离级别设置为 READ UNCOMMITTED 时,就可能出现脏读,如何避免脏读,请看下一个隔离级别。

(2)READ COMMITTED——*读提交*

一旦创建共享锁的语句执行完成,该锁定便释放。

READ COMMITTED 是 SQL Server 的预设隔离等级。

READ COMMITTED 只可以防止脏读。

```
--先创建表:
CREATE TABLE tb(ID int,val int)
INSERT tb VALUES(1,10)
INSERT tb VALUES(2,20)
```

然后在连接 1 中,执行:

```
SET TRANSACTION ISOLATION LEVEL READ COMMITTED
BEGIN TRANSACTION
  SELECT *  FROM tb;     //这个 SELECT 结束后,就会释放掉共享锁
  WAITFOR DELAY '00: 00: 05'    //模拟事务处理,等待 5 s
  SELECT *  FROM tb;     //再次 SELECT tb 表
ROLLBACK    //回滚事务
```

在连接 2 中,执行

```
UPDATE tb SET
  val = val +10
WHERE ID =2;
--------
```

回到连接 1 中,可以看到两次 SELECT 的结果是不同的。

因为在默认的 READ COMMITTED 隔离级别下,SELECT 完了就会马上释放共享锁。

singo 拿着工资卡去消费,系统读取到卡里确实有 2 000 元,而此时她的老婆也正好在网上转账,把 singo 工资卡的 2 000 元转到另一账户,并在 singo 消费之前提交了事务,当 singo 扣款时,系统检查到 singo 的工资卡已经没有钱,扣款失败。singo 十分纳闷,明明卡里有钱,为何……

出现上述情况,即我们所说的不可重复读,两个并发的事务:"事务 A:singo 消费"和"事务 B:singo 的老婆网上转账",事务 A 事先读取了数据,事务 B 紧接着更新了数据,并提交了事务,而事务 A 再次读取该数据时,数据已经发生了改变。

当隔离级别设置为 READ COMMITTED 时,避免了脏读,但是可能会造成不可重复读。

大多数数据库的默认级别就是 READ COMMITTED,如 SQL Server 和 Oracle。如何解决不可重复读的问题,请看下一个隔离级别。

(3)REPEATABLE READ——重复读

REPEATABLE READ 事务不会产生脏读,并且在事务完成之前,任何其他事务都不能修改目前事务已读取的记录。

其他事务仍可插入新记录,但必须符合当前事务的搜索条件——这意味着当前事务重新查询记录时,会产生幻读(PHANTOM READ)。

当隔离级别设置为 REPEATABLE READ 时,可以避免不可重复读。当 singo 拿着工资卡去消费时,一旦系统开始读取工资卡信息(即事务开始),singo 的老婆就不可能对该记录进行修改,也就是 singo 的老婆不能在此时转账。

虽然 REPEATABLE READ 避免了不可重复读,但还有可能出现幻读。

singo 的老婆在银行部门工作,她时常通过银行内部系统查看 singo 的信用卡消费记录。有一天,她正在查询 singo 当月信用卡的总消费金额〔SELECT SUM(amount) FROM transaction WHERE month =本月〕为 80 元,而 singo 此时正好消费后在收银台买单,消费 1 000 元,即新增了一条 1 000 元的消费记录(insert transaction …),并提交了事务,随后 singo 的老婆将 singo 当月信用卡消费的明细打印到 A4 纸上,却发现消费总额为 1 080 元,singo 的老婆很诧异,以为出现了幻觉,幻读就这样产生了。

注意:MySQL 的默认隔离级别就是 REPEATABLE READ。

(4)SERIALIZABLE——序列化

SERIALIZABLE 可以防止除更新丢失外所有的一致性问题,即

①语句无法读取其他事务已修改但未提交的记录。

②在当前事务完成之前,其他事务不能修改目前事务已读取的记录。

③在当前事务完成之前,其他事务所插入的新记录,其索引键值不能在当前事务的任何语句所读取的索引键的范围中。

(5)SNAPSHOT

SNAPSHOT 事务中任何语句所读取的记录,都是事务启动时的数据。

这相当于事务启动时,数据库为事务生成了一份专用"快照"。在当前事务中看不到其他事务在当前事务启动之后所进行的数据修改。

SNAPSHOT 事务不会读取记录时要求锁定,读取记录的 SNAPSHOT 事务不会锁住其他事务写入记录,写入记录的事务也不会锁住 SNAPSHOT 事务读取数据。

本章小结

本章介绍了 MySQL 数据库中事务及锁的含义和作用,该事务主要讲解了事务的特性、结构以及事务的开始、结束等基本语法。锁部分讲了死锁的几种情况、如何避免死锁以及解决冲突问题等内容。其中事务的特性和语法、死锁的避免和解决冲突为本章重点内容。希望读者能够认真学习这两部分的内容,并且需要在计算机上实际操作。

课后习题

1. 请解释事务的 3 种特性。
2. 简述死锁的几种情况及避免死锁的方法。

第 12 章　MySQL 用户管理

MySQL 是一个多用户数据库,具有功能强大的访问控制系统,可以为不同用户指定允许的权限。MySQL 用户可以分为普通用户和 root 用户。普通用户只拥有被授予的各种权限。root 用户是超级管理员,拥有所有权限,包括创建用户、删除用户和修改用户的密码等管理权限。用户管理包括管理用户账户、权限等。本章将向读者介绍 MySQL 用户管理中的相关知识点,包括权限表、账户管理和权限管理。

学习目标:

- 了解什么是权限表;
- 掌握权限表的用法;
- 掌握账户管理的方法;
- 掌握权限管理的方法;
- 掌握访问控制的用法;
- 熟练掌握综合案例中新建用户的方法和技巧。

12.1　权限表

MySQL 服务器通过权限表来控制用户对数据库的访问,权限表存放在 MySQL 数据库中,由 MySQL_install_db 脚本初始化。存储账户权限信息表主要有 user, db, host, tables_priv, columns_priv 和 procs_priv。

12.1.1　user 表

user 表是 MySQL 中最重要的一个权限表,记录允许连接到服务器的账号信息,里面的权限是全局级的。例如,一个用户在 user 表中被授予了 DELETE 权限,则该用户可以删除 MySQL 服务器上所有数据库中的任何记录。MySQL 5.7 中,user 表有 42 个字段,见表 12.1,这些字段可以分为 4 类,分别是用户列、权限列、安全列和资源控制列。本节将为读者介绍 user 表中各字段的含义。

表 12.1 user 表结构

字段名	数据类型	默认值
host	char(60)	
user	char(16)	
password	char(41)	
select_priv	enum('N','Y')	N
insert_ priv	enum('N','Y')	N
update_priv	enum('N','Y')	N
delete_priv	enum('N','Y')	N
create_priv	enum('N','Y')	N
drop_priv	enum('N','Y')	N
reload_priv	enum('N','Y')	N
shutdown_priv	enum('N','Y')	N
process_priv	enum('N','Y')	N
file_priv	enum('N','Y')	N
grant_priv	enum('N','Y')	N
references_priv	enum('N','Y')	N
index_priv	enum('N','Y')	N
alter_priv	enum('N','Y')	N
show_db_priv	enum('N','Y')	N
super_priv	enum('N','Y')	N
create_tmp_table_priv	enum('N','Y')	N
lock_tables_priv	enum('N','Y')	N
execute_priv	enum('N','Y')	N
repl_slave_priv	enum('N','Y')	N
repl_client_priv	enum('N','Y')	N
create_view_priv	enum('N','Y')	N
show_view_priv	enum('N','Y')	N
create_routine	enum('N','Y')	N

字段名	数据类型	默认值
alter_routine_priv	enum（'N'，'Y'）	N
create_user_priv	enum（'N'，'Y'）	N
event_priv	enum（'N'，'Y'）	N
trigger_priv	enum（'N'，'Y'）	N
create_tablespace_priv	enum（'N'，'Y'）	N
ssl_type	enum（''，'ANY'，'X509'，'SPECIFIED''）	
ssl_cipher	blob	NULL
x509_issuer	blob	NULL
x509_subject	blob	NULL
max_questions	int（11）unsigned	0
max_updates	int（11）unsigned	0
max_connections	int（11）unsigned	0
max_user_connections	int（11）unsigned	0
plugin	char（64）	
authentication_string	text	NULL

（1）用户列

user 表的用户列包括 host，user，password，分别表示主机名、用户名和密码。其中 user 和 host 为 user 表的联合主键。当用户与服务器之间建立连接时，输入的账户信息中的用户名称、主机名和密码必须匹配 user 表中对应的字段，只有 3 个值都匹配时，才允许连接建立。这 3 个字段的值就是创建账户时保存的账户信息。修改用户密码时，实际就是修改 user 表的 password 字段的值。

（2）权限列

权限列的字段决定了用户的权限，描述了在全局范围内允许对数据和数据库进行的操作。权限列包括查询权限、修改权限等普通权限，还包括关闭服务器、超级权限和加载用户等高级权限。普通权限用于操作数据库，高级权限用于数据库管理。

user 表中对应的权限是针对所有用户数据库的。这些字段值的类型为 ENUM，可以取的值只能为 Y 和 N，Y 表示该用户有对应的权限；N 表示该用户没有对应的权限。查看 user 表的结构可以看到，这些字段的值默认都是 N。如果要修改权限，可以使用 GRANT 语句或 UPDATE 语句更改 user 表的这些字段来修改用户对应的权限。

（3）安全列

安全列只有 6 个字段，其中两个是与 ssl 相关的，两个是与 x509 相关的，另外两个是与授权插件相关的。ssl 用于加密,x509 标准可用于标识用户,plugin 字段标识可以用于验证用户身份的插件,如果该字段为空,服务器使用内建授权验证机制验证用户身份。读者可以通过 SHOWVARIABLES LIKE'have_openss'语句来查询服务器是否支持 ssl 功能。

(4)资源控制列

资源控制列的字段用来限制用户使用的资源,包含 4 个字段,分别为:

①max_questions:用户每小时允许执行的查询操作次数。

②max_updates:用户每小时允许执行的更新操作次数。

③max_connections:用户每小时允许执行的连接操作次数。

④max_user. connections:用户允许同时建立的连接次数。

一个小时内用户查询或者连接数量超过资源控制限制,用户将被锁定,直到下一小时才可以在此执行对应的操作。用户可以使用 GRANT 语句更新这些字段的值。

12.1.2　db 表和 host 表

db 表和 host 表是 MySQL 数据中非常重要的权限表。db 表中存储了用户对某个数据库的操作权限,决定用户能从哪个主机存取哪个数据库。host 表中存储了某个主机对数据库的操作权限,配合 db 权限表对给定主机上数据库级操作权限做更细致的控制。这个权限表不受 GRANT 和 REVOKE 语句的影响。db 表比较常用,host 表一般很少使用。db 表和 host 表结构相似,其字段大致可以分为用户列和权限列两类。db 表和 host 表的结构分别见表12.2 和表 12.3。

表 12.2　db 表结构

字段名	数据类型	默认值
host	char(60)	
db	char(64)	
user	char(16)	
select_priv	enum('N','Y')	N
insert_priv	enum('N','Y')	N
update_priv	enum('N','Y')	N
delete_priv	enum('N','Y')	N
create_priv	enum('N','Y')	N
drop_priv	enum('N','Y')	N
grant_priv	enum('N','Y')	N
references_priv	enum('N','Y')	N
index_priv	enum('N','Y')	N

字段名	数据类型	默认值
alter_priv	enum('N','Y')	N
create_tmp_table_priv	enum('N','Y')	N
lock_tables_priv	enum('N','Y')	N
create_view_priv	enum('N','Y')	N
show_view_priv	enum('N','Y')	N
create_routine_priv	enum('N','Y')	N
alter_routine_priv	enum('N','Y')	N
execute_priv	enum('N','Y')	N
event_priv	enum('N','Y')	N
trigger_priv	enum('N','Y')	N

表 12.3　host **表结构**

字段名	数据类型	默认值
host	char(60)	
db	char(64)	
select_priv	enum('N','Y')	N
insert_priv	enum('N','Y')	N
update_priv	enum('N','Y')	N
delete_priv	enum('N','Y')	N
create_priv	enum('N','Y')	N
drop_priv	enum('N','Y')	N
grant_priv	enum('N','Y')	N
references_priv	enum('N','Y')	N
index_priv	enum('N','Y')	N
alter_priv	enum('N','Y')	N
create_tmp_table_priv	enum('N','Y')	N
lock_tables_priv	enum('N','Y')	N
create_view_priv	enum('N','Y')	N
show_view_priv	enum('N','Y')	N
create_routine_priv	enum('N','Y')	N
alter_routine_priv	enum('N','Y')	N

续表

字段名	数据类型	默认值
execute_priv	enum（'N'，'Y'）	N
trigger_priv	enum（'N'，'Y'）	N

（1）用户列

db 表用户列有 3 个字段,分别是 host, user 和 db。标识从某个主机连接某个用户对某个数据库的操作权限,这 3 个字段的组合构成了 db 表的主键。host 表不存储用户名称,用户列只有 2 个字段,分别是 host 和 db,表示从某个主机连接的用户对某个数据库的操作权限,其主键包括 host 和 db 两个字段。host 很少用到,一般情况下,db 表就可以满足权限控制需求了。

（2）权限列

db 表和 host 表的权限列大致相同,表中 create_routine_priv 和 alter_routine_priv 这两个字段表明用户是否有创建和修改存储过程的权限。

user 表中的权限是针对所有数据库的,如果希望用户只对某个数据库有操作权限,那么需要将 user 表中对应的权限设置为 N,然后在 db 表中设置对应数据库的操作权限。例如,有一个名称为 Zhangting 的用户分别从名称为 large. domain. com 和 small. domain. com 的两个主机连接到数据库,并需要操作 books 数据库。这时,可以将用户名称 Zhangting 添加到 db 表中,而 db 表中的 host 字段值为空,然后将两个主机地址分别作为两条记录的 host 字段值添加到 host 表中,并将两个表的数据库字段设置为相同的值 books。当有用户连接到 MySQL 服务器时, db 表中没有用户登录的主机名称,则 MySQL 会从 host 表中查找相匹配的值,并根据查询的结果决定用户的操作是否被允许。

12.1.3 tables_priv 表和 columns_priv 表

tables_priv 表用来对表设置操作权限, columns_priv 表用来对表的某一列设置权限。tables_priv 表和 columns_priv 表的结构分别见表 12.4 和表 12.5。

表 12.4 tables_priv 表结构

字段名	数据类型	默认值
host	char（60）	
db	char（64）	
user	char（16）	
table_name	char（64）	
grantor	char（77）	

字段名	数据类型	默认值
timestamp	TIMESTAMP	CURRENT_TIMESTAMP
table_priv	SET（'SELECT'，'INSERT'，'UPDATE'，'DELETE'，' CREATE '，' DROP '，' GRANT '，' REFERENCES '，' INDEX'，'ALTER'，'CREATE_VIEW'，'SHOW_VIEW'，' TRIGGER'）	
column_priv	SET（'SELECT'，'INSERT'，'UPDATE'，'REFERENCES'）	

表 12.5　columns_priv 表结构

字段名	数据类型	默认值
host	char（60）	
db	char（64）	
user	char（16）	
table_name	char（64）	
cloumn_name	char（64）	
timestamp	TIMESTAMP	CURRENT_TIMESTAMP
Column_priv	SET（'SELECT'，'INSERT'，'UPDATE'，'REFERENCES'）	

　　tables_priv 表有 8 个字段，分别是 host，db，user，table_name，grantor，timestamp，table_priv 和 column_priv，各个字段说明如下：

　　①host，db，user 和 table_name 4 个字段分表示主机名、数据库名、用户名和表名。

　　②grantor 表示修改该记录的用户。

　　③timestamp 字段表示修改该记录的时间。

　　④table_priv 表示对表的操作权限，包括 SELECT，INSERT，UPDATE，DELETE，CREATE，DROP，GRANT，REFERENCES，INDEX 和 ALTER 等。

　　⑤Column_priv 字段表示对表中的列的操作权限，包括 SELECT，INSERT，UPDATE 和 REFERENCES。

　　columns_priv 表只有 7 个字段，分别是 host，db，user，table_name，column_name，timestamp，column_priv。其中，column_name 用来指定对哪些数据列具有操作权限。

12.1.4　procs_priv 表

　　procs_priv 表可以对存储过程和存储函数设置操作权限。procs_priv 的表结构见表 12.6。

表 12.6　procs_priv **表结构**

字段名	数据类型	默认值
host	char(60)	
db	char(64)	
user	char(16)	
routine_name	char(64)	
routine_type	ENUM('FUNCTION','PROCEDURE')	NULL
grantor	char(77)	
proc_priv	SET('EXECUTE','ROUTINE','GRANT')	
timestamp	timestamp	CURRENT_TIMESTAMP

procs_priv 表包含 8 个字段,分别是 host, db, user, routine_name, routine_type, grantor, proc_priv 和 timestamp,各个字段的说明如下:

①host, db 和 user 字段分别表示主机名、数据库名和用户名。routine_name 表示存储过程或函数的名称。

②routine_type 表示存储过程或函数的类型。routine_type 字段有两个值,分别是 FUNCTION 和 PROCEDURE。FUNCTION 表示函数;PROCEDURE 表示存储过程。

③grantor 是插入或修改该记录的用户。

④proc_priv 表示拥有的权限,包括 EXECUTE, ROUTINE, GRANT 3 种。

⑤timestamp 表示记录更新时间。

12.2　账户管理

MySQL 提供了许多语句用来管理用户账号,这些语句可以用来管理包括登录和退出 MySQL 服务器、创建用户、删除用户、密码管理和权限管理等内容。MySQL 数据库的安全性,需要通过账户管理来保证。本节将介绍 MySQL 中如何对账户进行管理。

12.2.1　登录和退出 MySQL 服务器

读者已经知道登录 MySQL 时,使用 MySQL 命令并在后面指定登录主机以及用户名和密码。本小节将详细介绍 MySQL 命令的常用参数以及登录、退出 MySQL 服务器的方法。

通过 MySQL-help 命令可以查看 MySQL 命令帮助信息。MySQL 命令的常用参数如下:

①-h 主机名,可以使用该参数指定主机名或 ip,如果不指定,默认是 localhost。

②-u 用户名,可以使用该参数指定用户名。

③-p 密码,可以使用该参数指定登录密码。如果该参数后面有一段字段,则该段字符串将作为用户的密码直接登录。如果后面没有内容,则登录时会提示输入密码。注意:该参数后面的字符串和-p 之前不能有空格。

④-P 端口号,该参数后面接 MySQL 服务器的端口号,默认为 3306。

⑤数据库名,可以在命令的最后指定数据库名。

⑥-e 执行 SQL 语句。如果指定了该参数,将在登录后执行-e 后面的命令或 SQL 语句并退出。

【例 12.1】　使用 root 用户登录到本地 MySQL 服务器的 test 库中,命令如下:

```
MySQL -h localhost -u root-P test
```

命令执行如下:

```
MySQL -h localhost -u root -p test
Enter password: * *
```

执行命令时,会提示"Enter password:",如果没有设置密码,可以直接按"Enter"键,就可以直接登录到服务器下面的 test 数据库中了。

【例 12.2】　使用 root 用户登录到本地 MySQL 服务器的 MySQL 数据库中,同时执行一条查询语句。命令如下:

```
MySQL -h localhost -u root-p MySQL -e "DESC person;"
```

命令执行如下:

```
C: \> MySQL -h localhost-u root -P MySQL -e "DESC person;"
Enter password: * *

+--------+-----------------+------+-----+---------+----------------+
| Field  | Type            | NULL | Key | Default | Extra          |
+--------+-----------------+------+-----+---------+----------------+
| ID     | int(10) unsigned | NO  | PRI | NULL    | auto increment |
| name   | char(40)        | NO   |     |         |                |
| age    | int(11)         | NO   |     | 0       |                |
| info   | char(50)        | YES  |     | NULL    |                |
+--------+-----------------+------+-----+---------+----------------+
```

按照提示输入密码,命令执行完成后查询出 person 表的结构,查询返回之后会自动退出 MySQL。

12.2.2　新建普通用户

创建新用户,必须有相应的权限来执行创建操作。在 MySQL 数据库中,有两种方式创建新用户：一种是使用 CREATE USER 或 GRANT 语句；另一种是直接操作 MySQL 授权表。最好的方法是使用 GRANT 语句，因为这样更精确、错误少。下面分别介绍创建普通用户的方法。

（1）使用 CREATE USER 语句创建新用户

执行 CREATE USER 或 GRANT 语句时，服务器会修改相应的用户授权表，添加或者修改用户及其权限。CREATE USER 语句的基本语法格式如下：

```
CREATE USER user_specification
  [,user_specification]...
user_specification:
  user@host
  [
  IDENTIFIED BY[PASSWORD] 'password'
| IDENTIFIED WITH auth_plugin[AS 'auth_string']
]
```

user 表示创建的用户的名称；host 表示允许登录的用户主机名称；IDENTIFIED BY 表示用来设置用户的密码；[PASSWORD]表示使用哈希值设置密码，该参数可选；'password'表示用户登录时使用的普通明文密码；IDENTIFIED WITH 语句为用户指定一个身份验证插件；auth_ plugin 是插件的名称，插件的名称可以是一个带单引号的字符串，或者带引号的字符串；auth_string 是可选的字符串参数，该参数将传递给身份验证插件，由该插件解释该参数的意义。

CREATE USER 语句会添加一个新的 MySQL 账户。使用 CREATE USER 语句的用户，必须有全局的 CREATE USER 权限或 MySQL 数据库的 INSERT 权限。每添加一个用户，CREATE USER 语句会在 MySQL. user 表中添加一条新记录，但是新创建的账户没有任何权限。如果添加的账户已经存在，CREATE USER 语句会返回一个错误。

【例 12.3】 使用 CREATE USER 创建一个用户，用户名是 jeffrey，密码是 mypass，主机名是 localhost，命令如下：

```
CREATE USER 'jeffrey'@'localhost' IDENTIFIED BY 'mypass';
```

如果只指定用户名部分"jeffrey"，主机名部分则默认为"%"（即对所有的主机开放权限）。

user_specification 告诉 MySQL 服务器，当用户登录时怎么验证用户的登录授权。如果指定用户登录不需要密码，可以省略 IDENTIFIED BY 部分：

```
CREATE USER 'jeffrey'@'localhost';
```

此种情况，MySQL 服务端使用内建的身份验证机制，用户登录时不能指定密码。如果要创建指定密码的用户，需要 IDENTIFIED BY 指定明文密码值：

```
CREATE USER 'jeffrey'@'localhost' IDENTIFIED BY 'mypass';
```

此种情况,MySQL 服务端使用内建的身份验证机制,用户登录时必须指定密码。

为了避免指定明文密码,如果知道密码的散列值,可以通过 PASSWORD 关键字使用密码的哈希值设置密码。

密码的哈希值可以使用 PASSWORD( )函数获取,如:

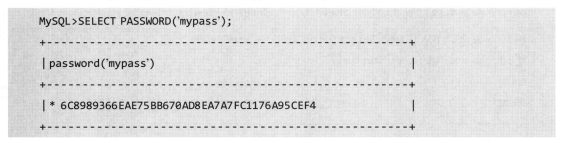

```
MySQL>SELECT PASSWORD('mypass');
+--------------------------------------------------+
| password('mypass')                               |
+--------------------------------------------------+
| * 6C8989366EAE75BB670AD8EA7A7FC1176A95CEF4        |
+--------------------------------------------------+
```

＊6C8989366EAF75BB670AD8EA7A7FC1176A95CEF4 就是 mypass 的哈希值。接下来执行下列语句:

```
CREATE USER 'jeffrey'@'localhost'
IDENTIFIED BY PASSWORD 1* 6C8989366EAF75BB670AD8EA7A7EC1176A95CEF4;
```

用户 jeffrey 的密码将被设定为 mypass。

对于使用插件认证连接的用户,服务器调用指定名称的插件,客户端需要提供验证方法所需要的凭据。如果创建用户或者连接服务器时,服务器找不到对应的插件,将返回一个错误,IDENTIFIED WITH 语法格式如下:

```
CREATE USER 'jeffrey'@' localhost'
IDENTIFIED WITH my_auth plugin;
```

提示:IDENTIFIED WITH 只能在 MySQL 5.5.7 及以上版本中使用。IDENTIFIED BY 和 IDENTIFIED WITH 是互斥的,所以对于一个账户来说只能使用一个验证方法。CREATE USER 语句的操作会被记录到服务器日志文件或者操作历史文件中,如/. MySQL_ history。这意味着对这些文件有读取权限的人,都可以读取新添加用户的明文密码。

MySQL 的某些版本中会引入授权表的结构变化,添加新的特权或功能。每当更新 MySQL 到一个新的版本时,应该更新授权表,以确保它们有最新的结构,确认可以使用任何新功能。

（2）使用 GRANT 语句创建新用户

CREATE USER 语句可以用来创建账户,通过该语句可以在 user 表中添加一条新的记录,但是 CREATE USER 语句创建的新用户没有任何权限,还需要使用 GRANT 语句赋予用户权限。而 GRANT 语句不仅可以创建新用户,还可以在创建的同时对用户授权。GRANT 还可以指定账户的其他特点,如使用安全连接、限制使用服务器资源等。使用 GRANT 语句创建新用户时必须有 GRANT 权限。GRANT 语句是添加新用户并授权他们访问 MySQL 对象的首选方法,GRANT 语句的基本语法格式如下:

```
GRANT privileges ON db . table
TO user@ host LIDENTIFIED BY 'password'[, user[IDENTIEIED BY 'password']]WITH GRANT OPTION ;
```

执行结果显示执行成功,使用 SELECT 语句查询用户 testUser 的权限:

```
MySQL> SELECT Host,User,Select_priv, Update_priv FROM
MySQL.user WHERE user= 'testUser' ;
+----------+----------+-------------+-------------+
|Host      |User      |Select_priv  |Update_priv  |
+----------+----------+-------------+-------------+
|localhost |testUser  |Y            |Y            |
+----------+----------+-------------+-------------+
```

查询结果显示用户 testUser 被创建成功,其 SELECT 和 UPDATE 权限字段值均为"Y"。

提示:User 表中的 user 和 host 字段区分大小写,在查询时要指定正确的用户名称或者主机名。

(3)直接操作 MySQL 用户表

通过前面的介绍,不管是 CREATE USER 或者 GRANT,在创建新用户时,实际上都是在 user 表中添加一条新的记录。因此,可以使用 INSERT 语句向 user 表中直接插入一条记录来创建一个新的用户。使用 INSERT 语句,必须拥有对 MySQL. user 表的 INSERT 权限。使用 INSERT 语句创建新用户的基本语法格式如下:

```
INSERT INTO MySQL.user (Host, User, Password, privilegelist)
VALUES('host', 'username', PASSWORD('password'), privilegevaluelist);
```

Host, User, Password 分别为 user 表中的主机、用户名称和密码字段;privilegelist 表示用户的权限,可以有多个权限;PASSWORD( )函数为密码加密函数;privilegevaluelist 为对应的权限的值,只能取"Y"或者"N"。

【例 12.4】 使用 INSERT 创建一个新账户,其用户名称为 customer1,主机名称为 localhost,密码为 customer1,INSERT 语句如下:

```
INSERT INTO user (Host, User, Password)
VALUES('localhost', 'customer1', PASSWORD('customer1'));
```

语句执行结果如下:

```
MySQL> INSERT INTO user (Host, User, Password)
  -> VALUES ('localhost', 'customer1', PASSWORD('customer1'));
```

语句执行失败,查看警告信息如下:

```
MySQL> SHOW WARNINGS;
+-----------+--------+----------------------------------------------------+
| Level     | Code   | Message                                            |
+-----------+--------+----------------------------------------------------+
| Warning   | 1364   | Field 'ssl_cipher' doesn't have a default value    |
| Warning   | 1364   | Field 'x509_issuer' doesn't have a default value   |
| Warning   | 1364   | Field 'x509_subject' doesn't have a default value  |
+-----------+--------+----------------------------------------------------+
```

因为 ssl_cipher,x509_ issuer 和 x509_ subject 3 个字段在 user 表定义中没有设置默认值,所以在这里提示错误信息。影响 INSERT 语句的执行,使用 SELECT 语句查看 user 表中的记录:

```
MySQL> SELECT host, user, password FROM user ;
+-----------+----------+--------------------------------------------+
| host      | user     | password                                   |
+-----------+----------+--------------------------------------------+
| localhost | root     | * 0801D10217B06C5A9F32430C1A34E030D41A0257 |
| localhost | jeffrey  | * 6C8989366EAE75BB670AD8EA7A7FC1176A95CEF4 |
| localhost | testUser | * 22CBF14EBDE8814586FF12332FA2B6023A7603BB |
+-----------+----------+--------------------------------------------+
```

可以看到新用户 customer1 并没有添加到 user 表中,表示添加新用户失败。

12.2.3　删除普通用户

在 MySQL 数据库中,可以使用 DROP USER 语句删除用户,也可以直接通过 DELETE 语句从 MySQL. user 表中删除对应的记录来删除用户。

(1)使用 DROP USER 语句删除用户

DROP USER 语句的语法如下:

```
DROP USER user[,user];
```

DROP USER 语句用于删除一个或多个 MySQL 账户。要使用 DROP USER,必须拥有 MySQL 数据库的全局 CREATE USER 权限或 DELETE 权限。使用与 GRANT 或 REVOKE 相同的格式为每个账户命名;例如,jeffrey'@'localhost! 账户名称的用户和主机部分与用户表记录的 User 和 Host 列值相对应。

使用 DROP USER,可以删除一个账户和其权限,操作如下:

```
DROP USER 'user'@'localhost';
DROP USER;
```

第 1 条语句可以删除 user 在本地登录的权限;第 2 条语句可以删除来自所有授权表的账户权限记录。

执行结果如下:

```
MySQL> DROP USER 'jeffrey'@' localhost';
Query OK,0 rows affected (0.00 sec)
```

可以看到语句执行成功,查看执行结果:

```
MySQL> SELECT host, user, password FROM user;
+-----------+----------+-------------------------------------------------+
| host      | user     | password                                        |
+-----------+----------+-------------------------------------------------+
| localhost | root     | * 0801D10217B06C5A9F32430C1A34E030D41A0257      |
| localhost | customer | * 73DA97747611396FD898E4A7E42B1097B0780646      |
| localhost | testUser | * 22CBF14EBDE8814586FF12332FA2B6023A7603BB      |
+-----------+----------+-------------------------------------------------+
```

user 表中已经没有名称为 jeffrey、主机名为 localhost 的账户,即 'jeffrey'@'localhost' 的用户账号已经被删除。

提示:DROP USER 不能自动关闭任何打开的用户对话。而且,如果用户有打开的对话,此时取消用户,命令则不会生效,直到用户对话被关闭后才能生效。一旦对话被关闭,用户也被取消,此用户再次试图登录时将会失败。

(2)使用 DELETE 语句删除用户

DELETE 语句的基本语法格式如下:

```
DELETE FROM MySQL.user WHERE host = 'hostname' and user = 'username '
```

host 和 user 为 user 表中的两个字段,这两个字段的组合确定所要删除的账户记录。

【例 12.5】 使用 DELETE 删除用户 'customer1'@ 'localhost',DELETE 语句如下:

```
DELETE FROM MySQL.user WHERE host = 'localhost' AND
user = 'customer1';
```

执行结果如下:

```
MySQL> DELETE FROM MySQL.user WHERE host = 'localhost' AND
user = 'customer1';
```

可以看到语句执行成功,'customer1'@ 'localhost' 的用户账号已经被删除。读者可以使用 SELECT 语句查询 user 表中的记录,确认删除操作是否成功。

12.2.4　root 用户修改自己的密码

root 用户的安全对于保证 MySQL 的安全非常重要,因为 root 用户拥有很高的权限。修改 root 用户密码的方式有多种,本小节将介绍几种常用的修改 root 用户密码的方法。

(1)使用 MySQL admin 命令在命令行指定新密码

MySQL admin 命令的基本语法格式如下:

```
mysqladmin -u username -h localhost -p password "newpwd"
```

username 为要修改密码的用户名称,在这里指定为 root 用户;参数-h 指需要修改的、对应哪个主机用户的密码,该参数可以不写,默认为 localhost;参数-p 表示输入当前密码;password 为关键字,后面双引号内的内容“newpwd”为新设置的密码。执行完上面的语句,root 用户的密码将被修改为 newpwd。

【例 12.6】　使用 MySQL admin 将 root 用户的密码修改为“rootpwd”,在 Windows 的命令行窗口中执行的命令如下:

```
mysqladmin-u root-P password "rootpwd"
Enter password:
```

按照要求输入 root 用户原来的密码,执行完毕后,新的密码将被设定。root 用户登录时将使用新的密码。

(2)修改 MySQL 数据库的 user 表

因为所有账户信息都保存在 user 表中,因此,可以通过直接修改 user 表来改变 root 用户的密码。root 用户登录到 MySQL 服务器后,使用 UPDATE 语句修改 MySQL 数据库的 user 表的 password 字段,从而修改用户的密码。使用 UPDATA 语句修改 root 用户密码的语句如下:

```
UPDATE mysql.user SET Password= PASSWORD ("rootpwd") WHERE
user="root" AND Host="localhost";
```

PASSWORD( ) 函数用来加密用户密码。执行 UPDATE 语句后,需要执行 FLUSH PRIVILEGES 语句重新加载用户权限。

【例 12.7】　使用 UPDATE 语句将 root 用户的密码修改为“rootpwd2”。

使用 root 用户登录到 MySQL 服务器后,执行如下语句:

```
MySQL> UPDATE mysql.user SET Password-password ("rootpwd2")
WHERE User="root" AND Host="localhost" ;
Query OK,1 row affected (0.00 sec)
Rows matched: 1 Changed: 1 Warnings: 0
MySQL> FLUSH PRIVILEGES;
```

执行完 UPDATE 语句后,root 的密码被修改成了 rootpwd2。使用 FLUSH PRIVILEGES 语句重新加载权限,就可以使用新的密码登录 root 用户了。

(3)使用 SET 语句修改 root 用户的密码

SET PASSWORD 语句可以用来重新设置其他用户的登录密码或者自己使用的账户的密码。使用 SET 语句修改自身密码的语法结构如下:

```
SET PASSWORD = PASSWORD ("rootpwd");
```

新密码必须使用 PASSWORD( )函数加密。

【例 12.8】 使用 SET 语句将 root 用户的密码修改为"rootpwd3"。

使用 root 用户登录到 MySQL 服务器后,执行如下语句:

```
SET PASSWORD = PASSWORD ("rootpwd3");
```

SET 语句执行成功,root 用户的密码被成功设置为 rootpwd3。为了使更改生效,需要重新启动 MySQL 或者使用 FLUSH PRIVILEGES 语句刷新权限,重新加载权限表。

12.2.5　root 用户修改普通用户的密码

root 用户拥有很高的权限,不仅可以修改自己的密码,还可以修改其他用户的密码。root 用户登录 MySQL 服务器后,可以通过 SET 语句修改 MySQL. user 表,以及 GRANT 语句修改用户的密码。本小节将向读者介绍 root 用户修改普通用户密码的方法。

(1)使用 SET 语句修改普通用户的密码

使用 SET 语句修改普通用户的密码的语法格式如下:

```
SET PASSWORD FOR 'user'@'host' = PASSWORD('somepassword') ;
```

只有 root 可以通过更新 MySQL 数据库的用户来更改其他用户的密码。如果使用普通用户修改,可省略 FOR 子句更改自己的密码:

```
SET PASSWORD = PASSWORD('somepassword');
```

【例 12.9】 使用 SET 语句将 testUser 用户的密码修改为"newpwd"。

使用 root 用户登录到 MySQL 服务器后,执行如下语句:

```
SET PASSWORD FOR 'testUser'@'localhost' = PASSWORD ("newpwd");
```

SET 语句执行成功,testUser 用户的密码被成功设置为 newpwd。

(2)使用 UPDATE 语句修改普通用户的密码

使用 root 用户登录到 MySQL 服务器后,可以使用 UPDATE 语句修改 MySQL 数据库的表的 password 字段,从而修改普通用户的密码。使用 UPDATA 语句修改普通用户的密码的语法如下:

```
UPDATE MySQL.user SET Password=PASSWORD("pwd")
WHERE User="username" AND Host="hostname";
```

PASSWORD( )函数用来加密用户密码。执行 UPDATE 语句后,需要执行 FLUSH PRIVILEGES 语句重新加载用户权限。

【例 12.10】　使用 UPDATE 语句将 testUser 用户的密码修改为"newpwd2"。

使用 root 用户登录到 MySQL 服务器后,执行如下语句:

```
UPDATE MySQL. user SET Password-PASSWORD ("newpwd2")
WHERE User="testUser" AND Host="localhost";
FLUSH PRIVILEGES;
```

执行完 UPDATE 语句后 testUser 的密码被修改成了 newpwd2。使用 FLUSH PRIVILEGES 重新加载权限,就可以使用新的密码登录 testUser 用户了。

(3)使用 GRANT 语句修改普通用户密码

除了前面介绍的方法,还可以在全局级别使用 GRANT USAGE 语句(* . *)指定某个账户的密码而不影响账户当前的权限,使用 GRANT 语句修改密码,必须拥有 GRANT 权限。一般情况下,最好使用该方法来指定或修改密码:

```
MySQL> GRANT USAGE ON * .*  TO 'someuser'@'% 'IDENTIFIED BY 'somepassword';
```

【例 12.11】　使用 GRANT 语句,将 testUser 用户的密码修改为"newpwd3"。

使用 root 用户登录到 MySQL 服务器后,执行如下语句:

```
GRANT USAGE ON * .*  TO 'testUser'@'localhost' IDENTIFIED BY 'newpwd3';
```

执行完 GRANT 语句后,testUser 的密码被修改成了 newpwd3,可以使用新密码登录 MySQL 服务器。

如果使用 GRANT … IDENTIFIED BY 语句或 MySQL admin password 命令设置密码,它们均会加密密码。在这种情况下,不需要使用 PASSWORD( )函数。

12.2.6　普通用户修改密码

普通用户登录 MySQL 服务器后,通过 SET 语句设置自己的密码。

SET 语句修改自己密码的基本语法如下:

```
SET PASSWORD =PASSWORDI("newpassword");
```

其中,PASSWORD( )函数对密码进行加密,"newpassword"是设置的新密码。

【例 12.12】　testUser 用户使用 SET 语句将自身的密码修改为"newpwd4"。

使用 testUser 用户登录到 MySQL 服务器后,执行如下语句:

```
SET PASSWORD = PASSWORD ("newpwd4");
```

执行完 SET 语句后,testUser 的密码被修改成了 newpwd4,可以使用新密码登录 MySQL 服务器。

12.2.7　root 用户密码丢失的解决办法

对于 root 用户密码丢失的这种特殊情况,MySQL 实现了对应的处理机制。root 用户可以通过特殊方法登录到 MySQL 服务器,然后在 root 用户下重新设置密码。执行步骤如下:

(1)使用--skip-grant-tables 选项启动 MySQL 服务

以 skip-grant-tables 选项启动时,MySQL 服务器将不加载权限判断,任何用户都能访问数据库。在 Windows 操作系统中,可以使用 MySQLd 或 MySQLd-nt 来启动 MySQL 服务进程。如果 MySQL 的目录已经添加到环境变量中,可以直接使用 MySQLd 或 MySQLd-nt 命令启动 MySQL 服务。否则需要先在命令行下切换到 MySQL 的 bin 目录。

MySQLd 命令如下:

```
MySQLd --skip-grant-tables
```

MySQLd-nt 命令如下:

```
MySQLd-nt --skip-grant-tables
```

在 Linux 操作系统中,使用 MySQLd_safe 来启动 MySQL 服务。也可以使用/etc/init. d/MySQL 命令来启动 MySQL 服务。

MySQLd_safe 命令如下:

```
MySQLd_safe --skip-grant-tables user=mysql
```

/etc/init. d/MySQL 命令如下:

```
/etc/init.d/mysql start mysqld --skip-grant-tables
```

启动 MySQL 服务后,就可以使用 root 用户登录了。

(2)使用 root 用户登录,重新设置密码

在这里使用的平台为 Windows 7,操作步骤如下:

步骤1　使用 NET STOP MySQL 命令停止 MySQL 服务进程。

```
NET STOP MySQL
MySQL 服务正在停止;
MySQL 服务已成功停止。
```

步骤2　在命令行输入 MySQLd --skip-grant-tables 选项启动 MySQL 服务。

```
MySQLd --skip-grant -tables
```

步骤3　打开另一个命令行窗口,输入不加密码的登录命令。

提示: 命令运行之后,用户无法输入指令,此时如果在任务管理器中可以看到名称为 MySQLd 的进程,则表示可以使用 root 用户登录 MySQL 了。

```
MySQL-u root
Welcome to the MySQL monitor. Commands end with; or \g.
Your MySQL connection ID is 1
Server version: 5.7.10 MySQL Community Server (GPL)

Copyright (C)2000,2015,Oracle and/or its affiliates. All rights reserved.

Oracle is a registered trademark of Oracle Corporation and/or its affiliates. Other
names may be trademarks of their respective owners.

Type 'help;' or '\h' for help. Type '\c' to clear the current input statement.
```

登录成功后,可以使用 UPDATE 语句或者使用 MySQLadmin 命令重新设置 root 密码,设置密码的语句如下:

```
UPDATE mysql.user SET Password=PASSWORD('newpwd') WHERE
User='root' AND Host='localhost';
```

设置 root 密码的方法参见本章第 12.2.4 小节"root 用户修改自己的密码"。

(3)**加载权限表**

修改密码完成后,必须使用 FLUSH PRIVILEGES 语句加载权限表。加载权限表后,新的密码才会生效,同时 MySQL 服务器开始权限验证。输入语句如下:

```
FLUSH PRIVILEGES;
```

修改密码完成后,将输入 MySQLd-skip-grant-tables 命令的命令行窗口关闭,接下来就可以使用新设置的密码登录 MySQL 了。

12.3　权限管理

权限管理主要是对登录到 MySQL 的用户进行权限验证。所有用户的权限都存储在 MySQL 的权限表中,不合理的权限规划会给 MySQL 服务器带来安全隐患。数据库管理员要对所有用户的权限进行合理规划管理。MySQL 权限系统的主要功能是证实连接到一台给定主机的用户,并且赋予该用户在数据库上的 SELECT、INSERT、UPDATE 和 DELETE 权限。

本节将为读者介绍 MySQL 权限管理的内容。

12.3.1　MySQL 的各种权限

账户权限信息被存储在 MySQL 数据库的 user，db，host，tables_priv，columns_priv 和 procs_priv 表中。在 MySQL 启动时，服务器将这些数据库表中的权限信息的内容读入内存。

GRANT 和 REVOKE 语句所涉及的权限的名称见表 12.7，还有在授权表中每个权限的表列名称和每个权限有关的操作对象等。

表 12.7　GRANT 和 REVOKE 语句中可以使用的权限

权　　限	user 表中对应的列	权限的范围
CREATE	create_priv	数据库、表或索引
DROP	drop_priv	数据库、表或视图
GRANT OPTION	grant_priv	数据库、表、存储过程
REFERENCES	references_priv	数据库或表
EVENT	event_priv	数据库
ALTER	alter_priv	数据库
DELETE	delete_priv	表
INDEX	index_priv	表
INSERT	insert_priv	表
SELECT	select_priv	表或列
UPDATE	update_priv	表或列
CREATE TEMPORARY TABLES	create_tmp_table_priv	表
LOCK TABLES	lock_tables_priv	表
TRIGGER	trigger_priv	表
CREATE VIEW	create_view_priv	视图
SHOW VIEW	show_view_priv	视图
ALTER ROUTINE	alter_routine_priv	存储过程和函数
CREATE ROUTINE	create_routine_priv	存储过程和函数
EXECUTE	execute_priv	存储过程和函数
FILE	file_priv	访问服务器上的文件
CREATE TABLESPACE	create_tablespace_priv	服务器管理
CREATE USER	create_user_priv	服务器管理

续表

权　　限	user 表中对应的列	权限的范围
PROCESS	process_priv	存储过程和函数
RELOAD	reload_priv	访问服务器上的文件
REPLICATION CLIENT	repl_client_priv	服务器管理
REPLICATION SLAVE	repl_slave_priv	服务器管理
SHOW DATABASES	show_db_priv	服务器管理
SHUTDOWN	shutdown_priv	服务器管理
SUPER	super_priv	服务器管理

①CREATE 和 DROP 权限,可以创建新数据库和表,或删除(移掉)已有数据库和表。如果将 MySQL 数据库中的 DROP 权限授予某用户,用户可以删掉 MySQL 访问权限保存的数库。

②SELECT, INSERT, UPDATE 和 DELETE 权限允许在一个数据库现有的表上实施操作。

③SELECT 权限只有在它们真正从一个表中检索行时才被用到。

④INDEX 权限允许创建或删除索引,INDEX 适用已有的表。如果具有某个表的 CREATE 权限,可以在 CREATE TABLE 语句中包括索引定义。

⑤ALTER 权限,可以使用 ALTER TABLE 来更改表的结构和重新命名表。

⑥CREATE ROUTINE 权限用来创建保存的程序(函数和程序),ALTER ROUTINE 权限用来更改和删除保存的程序,EXECUTE 权限用来执行保存的程序。

⑦GRANT 权限允许授权给其他用户。可用于数据库、表和保存的程序。

⑧FILE 权限给予用户使用 LOAD DATA INFILE 和 SELECT … INTO OUTFILE 语句读或写服务器上的文件,任何被授予 FILE 权限的用户都能读或写 MySQL 服务器上的任何文件(说明用户可以读任何数据库目录下的文件,因为服务器可以访问这些文件)。FILE 权限允许用户在 MySQL 服务器具有写权限的目录下创建新文件,但不能覆盖已有文件。

其余的权限用于管理性操作,它使用 MySQL admin 程序或 SQL 语句实施。表 12.8 显示每个权限允许执行的 MySQL admin 命令。

表 12.8　不同权限下可以使用的 MySQL admin 命令

权　　限	权限拥有者允许执行的命令
RELOAD	flush-hosts,flush-logs,flush-privileges,flush-tables,flush-threads,refresh,reload
SHUTDOWN	shutdown
PROCESS	processlist
SUPER	kill

①reload 命令告诉服务器将授权表重新读入内存; flush-privileges 是 reload 的同义词;

refresh 命令清空所有表并关闭/打开记录文件；其他 flush-××命令执行类似 refresh 的功能，但是范围更有限，并且在某些情况下可能更好用。例如，如果只是想清空记录文件，flush-logs 是比 refresh 更好的选择。

②shutdown 命令关掉服务器。只能从 MySQL admin 发出命令。

③processlist 命令显示在服务器内执行的线程的信息（即与其他账户相关的客户端执行的语句）。kill 命令终止服务器线程。用户总是能显示或终止自己的线程，但是需要 PROCESS 权限用来显示或终止其他用户和 SUPER 权限启动的线程。

④kill 命令能用来终止其他用户或更改服务器的操作方式。总的来说，只授予权限给需要他们的那些用户。

12.3.2　授　权

授权就是为某个用户授予权限。合理的授权可以保证数据库的安全。MySQL 中可以使用 GRANT 语句为用户授予权限。

授予的权限可以分为多个层级：

（1）全局层级

全局权限适用于一个给定服务器中的所有数据库。这些权限存储在 MySQL. user 表中。GRANT ALL ON ＊.＊和 REVOKE ALL ON ＊.＊只授予和撤销全局权限。

（2）数据库层级

数据库权限适用于一个给定数据库中的所有目标。这些权限存储在 MySQL. db 和 MySQL. host 表中。GRANT ALL ON db_name. 和 REVOKE ALL ON db_name.＊只授予和撤销数据库权限。

（3）表层级

表权限适用于一个给定表中的所有列。这些权限存储在 MySQL. talbes_priv 表中。GRANTALL ON db_name. tbl_name 和 REVOKE ALL ON db_name. tbl_name 只授予和撤销表权限。

（4）列层级

列权限适用于一个给定表中的单一列。这些权限存储在 MySQL. columns_priv 表中。当使用 REVOKE 时，必须指定与被授权列相同的列。

（5）子程序层级

CREATE ROUTINE，ALTER ROUTINE，EXECUTE 和 GRANT 权限适用于已存储的子程序。这些权限可以被授予为全局层级和数据库层级。而且，除了 CREATE ROUTINE 外，这些权限可以被授予子程序层级，并存储在 MySQL. procs_priv 表中。

在 MySQL 中，必须是拥有 GRANT 权限的用户才可以执行 GRANT 语句。

要使用 GRANT 或 REVOKE，必须拥有 GRANT OPTION 权限，并且必须用于正在授予或撤销的权限。GRANT 的语法如下：

```
GRANT priv_type[(columns)][,priv_type[(columns)]]...
ON[object_type] tablel,table2,...,table n
TO user[IDENTIFIED BY[PASSWORD] 'password']
[,user[IDENTIFIED BY[PASSWORD] 'password']]...
    (WITH GRANT OPTION]


Object_type= TABLE | FUNCTION | PROCEDURE
```

其中，priv_type 参数表示权限类型；columns 参数表示权限作用于哪些列上，不指定该参数，表示作用于整个表；table1，table2，…，table n 表示授予权限的列所在的表；object_type 指定授权作用的对象类型包括 TABLE（表）、FUNCTION（函数）和 PROCEDURE（存储过程），当从旧版本的 MySQL 升级时，要使用 object_tpye 子句，必须升级授权表；user 参数表示用户账户，由用户名和主机名构成，形式是"'username'@ 'hostname'"；IDENTIFIED BY 参数用于设置密码。

WITH 关键字后可以跟一个或多个 GRANT OPTION。GRANT OPTION 的取值有 5 个，意义如下：

①GRANT OPTION：被授权的用户可以将这些权限赋予别的用户。

②MAX_QUERIES_PER_HOUR count：设置每小时可以执行 count 次查询。

③MAX_UPDATES_PER_HOUR count：设置每小时可以执行 count 次更新。

④MAX_CONNECTIONS_PER_HOUR count：设置每小时可以建立 count 个连接。

⑤MAX_USER CONNECTIONS count：设置单个用户可以同时建立 count 个连接。

【例 12.13】　使用 GRANT 语句创建一个新的用户 grantUser，密码为"grantpwd"。用户 grantUser 对所有的数据有查询、插入权限，并授予 GRANT 权限。GRANT 语句及其执行结果如下：

```
GRANT SELECT, INSERT ON *.*  TO 'grantUser '@'localhost '
IDENTIFIED BY 'grantpwd '
WITH GRANT OPTION;
```

结果显示执行成功，使用 SELECT 语句查询用户 testUser2 的权限：

```
SELECT Host,User,Select_priv,Insert_priv,Grant_priv FROM mysql.user where user=
'grantUser';
```

Host	User	Select_priv	Insert_priv	grant_priv
localhost	testUser2	Y	Y	Y

查询结果显示用户 testUser2 被创建成功,并被赋予 SELECT,INSERT 和 GRANT 权限,其相应字段值均为"Y"。

被授予 GRANT 权限的用户可以登录 MySQL 并创建其他用户账户,在这里为名称是 grantUser 的用户。读者可以使用 grantUser 登录,并按照例 12.13 中的过程创建并授权其他账户。

12.3.3 收回权限

收回权限就是取消已经赋予用户的某些权限。收回用户不必要的权限可以在一定程度上保证系统的安全性。MySQL 中使用 REVOKE 语句取消用户的某些权限。使用 REVOKE 收回权限之后,用户账户的记录将从 db, host, tables_priv 和 columns_priv 表中删除,但是用户账号记录仍然在 user 表中保存(删除 user 表中的账户记录,使用 DROP USER 语句,在 12.2.3 节已经介绍)。

在将用户账户从 user 表中删除之前,应该收回相应用户的所有权限。REVOKE 语句有两种语法格式:一种语法是收回所有用户的所有权限,此语法用于取消对于已命名的用户的所有全局层级、数据库层级、表层级和列层级的权限,基本语法如下:

```
REVOKE ALL PRIVILEGES,GRANT OPTION
FROM 'user'@'host'[,'user'@'host'...]
```

REVOKE 语句必须和 FROM 语句一起使用,FROM 语句指明需要收回权限的账户。另一种语法是长格式的 REVOKE 语句,基本语法如下:

```
REVOKE priv_type[(columns)][, priv_type[(columns)]]...
ON table1, table2,..., table n
FROM 'user'@'host'[, 'user'@'host' ...]
```

该语法收回指定的权限。其中,priv_type 参数表示权限类型;columns 参数表示权限作用于哪些列上,如果不指定该参数,表示作用于整个表;table1,table2,…,table n 表示从哪个表中收回权限;'user'@ 'host' 参数表示用户账户,由用户名和主机名构成。

要使用 REVOKE 语句,必须拥有 MySQL 数据库的全局 CREATE USER 权限或 UPDATE 权限。

【例 12.14】 使用 REVOKE 语句取消用户 testUser 的更新权限。REVOKE 语句及其执行结果如下:

```
REVOKE UPDATE ON * .* FROM 'testUser'@' localhost';
```

执行结果显示执行成功,使用 SELECT 语句查询用户 test 的权限:

```
MySQL> SELECT Host,User, Select_priv,Update priv,Grant priv FROM MySQL. User WHERE
user='testUser';

+----------+----------+-------------+-------------+----------------------+
| Host     | User     | Select_priv | Update_priv | Grant_priv           |
```

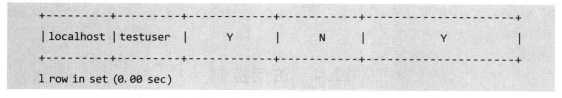

查询结果显示用户 testUser 的 Update_priv 字段值为"N"，UPDATE 权限已经被收回。

　　提示：当从旧版本的 MySQL 升级时，如果要使用 EXECUTE，CREATE_VIEW，SHOW_VIEW，CREATE USER，CREATE ROUTINE 和 ALTER ROUTINE 权限，必须首先升级授权表。

12.3.4　查看权限

　　SHOW GRANTS 语句可以显示指定用户的权限信息，使用 SHOW GRANTS 查看账户信息的基本语法格式如下：

```
SHOW GRANTS FOR 'user'@'host';
```

其中，user 表示登录用户的名称，host 表示登录的主机名称或者 IP 地址。在使用该语句时，要确保指定的用户名和主机名都要用单引号括起来，并使用"@"符号，将两个名字分隔开。

　　【例 12.15】　使用 SHOW GRANTS 语句查询用户 testUser 的权限信息。SHOW GRANTS 语句及其执行结果如下：

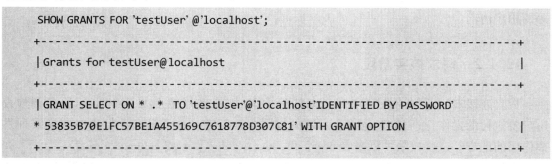

　　返回结果的第 1 行显示了 user 表中的账户信息，接下来的行以 GRANT SELECT ON 关键字开头，表示用户被授予了 SELECT 权限；*.* 表示 SELECT 权限作用于所有数据库的所有数据表；IDENTIFIED BY PASSWORD 关键字后面为用户加密后的密码。在这里，只是定义了个别的用户权限，GRANT 可以显示更加详细的权限信息，包括全局级的和非全局级的权限，如果表层级或者列层级的权限被授予用户的话，它们也能在结果中显示出来。

　　在前面创建用户时，查看新建的账户时使用 SELECT 语句，也可以通过 SELECT 语句查看 user 表中的各个权限字段以确定用户的权限信息，其基本语法格式如下：

```
SELECT privileges_list FROM user WHERE user='username', host='hostname';
```

其中，privileges_list 为想要查看的权限字段，可以为 Select_priv，Insert_priv 等。读者可以根据需要选择要查询的字段。

12.4　访问控制

正常情况下,并不希望每个用户都可以执行所有的数据库操作。当 MySQL 允许一个用户执行各种操作时,它将首先核实该用户向 MySQL 服务器发送的连接请求,然后确认用户的操作请求是否被允许。本小节将向读者介绍 MySQL 中的访问控制过程。MySQL 的访问控制分为两个阶段:连接核实阶段和请求核实阶段。

12.4.1　连接核实阶段

当连接 MySQL 服务器时,服务器基于用户的身份以及用户是否能够通过正确的密码身份验证来接受或拒绝连接,即客户端用户连接请求中会提供用户名称、主机地址名和密码。MySQL 使用 user 表中的 3 个字段(Host, User 和 Password)执行身份检查,服务器只有在 user 表记录的 Host 和 User 字段匹配客户端主机名和用户名,并且提供正确的密码时才接受连接。如果连接核实没有通过,服务器完全拒绝访问;否则,服务器接受连接,然后进入阶段 2 等待用户请求。

12.4.2　请求核实阶段

建立连接之后,服务器进入访问控制的阶段 2。对在此连接上的每个请求,服务器检查用户要执行的操作,然后检查是否有足够的权限来执行它。这正是在授权表中的权限列发挥作用的地方。这些权限可以来自 user, db, host, tables_priv 或 columns_priv 表。

确认权限时,MySQL 首先检查 user 表,如果指定的权限没有在 user 表中被授权;MySQL 将检查 db 表,db 表是下一安全层级,其中的权限限定于数据库层级,在该层级的 SELECT 权限允许用户查看指定数据库所有表中的数据;如果在该层级没有找到限定的权限,则 MySQL 继续检查 tables_priv 表以及 columns_priv 表,如果所有权限表都检查完毕,但还是没有找到允许的权限操作,MySQL 将返回错误信息,用户请求的操作不能执行,操作失败。

请求核实的过程如图 12.1 所示。

提示:MySQL 通过向下层级的顺序检查权限表(从 user 表到 columns_priv 表),但并不是所有的权限都要执行该过程。例如,一个用户登录到 MySQL 服务器之后只执行对 MySQL 的管理操作,此时,只涉及管理权限,因此 MySQL 只检查 user 表。另外,如果请求的权限操作不被允许,MySQL 也不会继续检查下一层级的表。

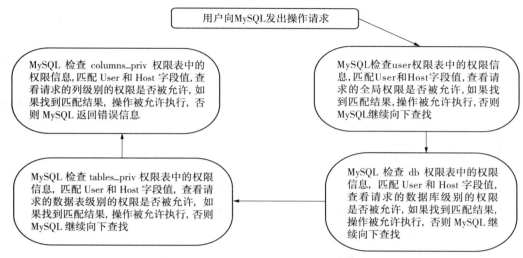

图 12.1　MySQL 请求核实情况

本章小结

本章介绍了创建用户的几种方法：GRANT 语句、CREATE USER 语句和直接操作 user 表。一般情况，最好使用 GRANT 或者 CREATE USER 语句，而不要直接将用户信息插入 user 表，因为 user 表中存储了全局级别的权限以及其他账户信息，如果意外破坏了 user 表中的记录，则可能会对 MySQL 服务器造成很大影响。

课后习题

创建数据库 Team，定义数据表 player，语句如下：

```
CREATE DATABASE Team;
user Team;
CREATE TABLE player
{
playID int PRIMARY KEY,
playname varchar(30) NOT NULL,
```

```
teamnum int NOT NULL UNIQUE,
info varchar(50)
   };
```

执行以下操作：

（1）创建一个新账户，用户名为 account1，该用户通过本地主机连接数据库，密码为 oldpwd1。授权该用户对 Team 数据库中 player 表的 SELECT 和 INSERT 权限，并且授权该用户对 player 表的 info 字段的 UPDATE 权限。

（2）创建 SQL 语句，更改 account1 用户的密码为 newpwd2。

（3）创建 SQL 语句，使用 FLUSH PRIVILEGES 重新加载权限表。

（4）创建 SQL 语句，查看授予 account1 用户的权限。

（5）创建 SQL 语句，收回 account1 用户的权限。

（6）创建 SQL 语句，将 account1 用户的账号信息从系统中删除。

第 13 章　数据备份与恢复

尽管采取了一些管理措施来保证数据库的安全,但是不确定的意外情况总是有可能造成数据的损失,例如意外停电、管理员的不小心操作失误都可能会造成数据丢失。保证数据安全最重要的一个措施是确保对数据进行定期备份。如果数据库中的数据丢失或者出现错误,可以使用备份的数据进行恢复,这样就尽可能地降低了意外原因导致的损失。MySQL 提供了多种方法对数据进行备份和恢复。本章将介绍数据备份、数据恢复、数据迁移和表导入导出的相关知识。

学习目标:

- 了解什么是数据备份;
- 掌握各种数据备份的方法;
- 掌握各种数据恢复的方法;
- 掌握数据库迁移的方法;
- 掌握表的导入和导出的方法;
- 熟练掌握综合案例中数据备份与恢复的方法和技巧。

13.1　数据备份

数据备份是数据库管理员非常重要的工作之一。系统意外崩溃或者硬件的损坏都可能导致数据库的丢失,因此,MySQL 管理员应定期备份数据库,使得在意外情况发生时,尽可能地减少损失。

13.1.1　使用 MySQLdump 命令备份

MySQLdump 是 MySQL 提供的一个非常有用的数据库备份工具。MySQLdump 命令执行时,可以将数据库备份成一个文本文件,该文件中实际上包含了多个 CREATE 和 INSERT 语句,使用这些语句可以重新创建表和插入数据。

MySQLdump 备份数据库语句的基本语法格式如下:

```
MySQLdump-u user-h host-p password dbname
[tbname,[tbname...]]>filename.sql
```

user 为用户名称;host 为登录用户的主机名称;password 为登录密码;dbname 为需要备份的数据库名称;tbname 为 dbname 数据库中需要备份的数据表,可以指定多个需要备份的表;右箭头符号">"表示 MySQLdump 将备份数据表的定义和数据写入备份文件;filename. sql 为备份文件的名称。

(1)使用 MySQLdump 备份单个数据库中的所有表

【例 13.1】 使用 MySQLdump 命令备份数据库中的所有表。

为了更好地理解 MySQLdump 工具如何工作,本章给出一个完整的数据库例子。首先登录 MySQL,按数据库结构创建 booksDB 数据库和各个表,并插入数据记录。

完成数据插入后打开操作系统命令行输入窗口,可以看到备份文件包含了一些信息,文件开头首先表明了备份文件使用的 MySQLdump 工具的版本号;然后是备份账户的名称和主机信息,以及备份的数据库的名称,最后是 MySQL 服务器的版本号,在这里为 5.7. 10。

备份文件接下来的部分是一些 SET 语句,这些语句将一些系统变量值赋给用户定义变量,以确保被恢复的数据库的系统变量和原来备份时的变量相同,例如:

```
/* ! 40101 SET @OLD_CHARACTER_SET_CLIENT=@@CHARACTER_SET_CLIENT * /;
```

该 SET 语句将当前系统变量 character_set_client 的值赋给用户定义变量@old_character_set_client。其他变量与此类似。

备份文件的最后几行 MySQL 使用 SET 语句恢复服务器系统变量原来的值,例如:

```
/* ! 40101 SET CHARACTER_SET_CLIENT=@OLD_CHARACTER_SET_CLIENT * /;
```

该语句将用户定义的变量@old_character_set_client 中保存的值赋给实际的系统变量 character_set_client。

备份文件中的字符开头的行为注释语句,以"/ * !"开头、" */"结尾的语句为可执行的 MySQL 注释,这些语句可以被 MySQL 执行,但在其他数据库管理系统将被作为注释忽略,这可以提高数据库的可移植性。

另外应注意,备份文件开始的一些语句以数字开头,这些数字代表了 MySQL 版本号,该数字告诉我们,这些语句只有在指定的 MySQL 版本或者比该版本高的情况下才能执行。例如 40101,表明这些语句只有在 MySQL 版本号为 4.01.01 或者更高的条件下才可以被执行。

(2)使用 MySQLdump 备份数据库中的某个表

在前面 MySQLdump 语法中介绍过,MySQLdump 还可以备份数据库中的某个表,其语法格式如下:

```
MySQLdump-u user-h host-p dbname[tbname,[tbname ...]] > filename. Sql
```

tbname 表示数据库中的表名,多个表名之间用空格隔开。

备份表和备份数据库中所有表的语句中不同的地方在于,要在数据库名称 dbname 之后指定需要备份的表名称。

【例 13.2】　备份 booksDB 数据库中的 books 表,输入语句如下:

```
MySQLdump-u root-p booksDB books > C: /backup/books 20160301.sql
```

该语句创建名称为 books_20160301.sql 的备份文件,文件中包含了前面介绍的 SET 语句等内容,不同的是,该文件只包含 books 表的 CREATE 和 INSERT 语句。

(3)使用 MySQLdump 备份多个数据库

如果要使用 MySQLdump 备份多个数据库,需要使用--databases 参数。备份多个数据库的语句格式如下:

```
MySQLdump-u user-h host-p databases[dbname,[dbname...]] > filename.sql
```

使用--databases 参数之后,必须指定至少一个数据库的名称,多个数据库名称之间用空格隔开。

【例 13.3】　使用 MySQLdump 备份 booksDB 和 test 数据库,输入语句如下:

```
MySQLdump-u root-p --databases booksDB test> C: \backup\books_testDB_20160301.sql
```

该语句创建名称为 books_testDB_20160301.sql 的备份文件,文件中包含了创建两个数据库 booksDB 和 test_DB 所必需的所有语句。

另外,使用--all-databases 参数可以备份系统中所有的数据库,语句格式如下:

```
MySQLdump-u user-h host-p --all-databases > filename.sql
```

使用参数--all-databases 时,不需要指定数据库名称。

【例 13.4】　使用 MySQLdump 备份服务器中的所有数据库,输入语句如下:

```
MySQLdump-u root-p -all-databases > C: /backup/alldbinMySQL.sql
```

提示:该语句创建名称为 alldbinMySQL.sql 的备份文件,文件中包含了对系统中所有数据库的备份信息。

如果在服务器上进行备份,并且表均为 MyISAM 表,应考虑使用 MySQLhotcopy,因为可以更快地进行备份和恢复。

MySQLdump 还有一些其他选项可以用来制定备份过程,例如--opt 选项,该选项将打开-quick,-add-locks,-extended-insert 等多个选项。使用--opt 选项可以提供最快速的数据库转储。

MySQLdump 其他常用选项如下:

①--add-drop-database:在每个 CREATE DATABASE 语句前添加 DROP DATABASE 语句。

②--add-drop-tables:在每个 CREATE TABLE 语句前添加 DROP TABLE 语句。

③-add-locking:用 LOCK TABLES 和 UNLOCK TABLES 语句引用每个表转储。重载转

储文件时插入得更快。

④-all-database, -A：转储所有数据库中的所有表。与使用--database 选项相同,在命令行中命名所有数据库。

⑤-comments[=0| 1]：如果设置为 0,禁止转储文件中的其他信息,例如程序版本、服务器版本和主机。--skip-comments 与--comments=0 的结果相同。默认值为 1,即包括额外信息。

⑥-compact：产生少量输出。该选项禁用注释并启用-skip-add-drop-tables, -no-set-names, -skip-disable-keys 和-skip-add-locking 选项。

⑦-compatible=name：产生比其他数据库系统或旧的 MySQL 服务器更兼容的输出。值可以为 ansi, MySQL323,MySQL40, postgresql, oracle, mssql, db2,maxdb, no_key_options, no tables options 或者 no_field_options。

⑧--complete-insert, -c：使用包括列名的完整的 INSERT 语句。

⑨--debug[=debug_options], -#[debug options]：写调试日志。

⑩--delete, -D:导入文本文件前清空表。

⑪- - default - character - set = charset：使用 charsetas 默认字符集。如果没有指定,MySQLdump 使用 utf8。

⑫--delete-master-logs：在主复制服务器上,完成转储操作后删除二进制日志。该选项自动启用--master-data。

⑬--extended-insert, -e：使用包括几个 VALUES 列表的多行 INSERT 语法。这样使转储文件更小,重载文件时可以加速插入。

⑭--flush-logs, -F：开始转储前刷新 MySQL 服务器日志文件。该选项要求 RELOAD 权限。

⑮--force, -f：在表转储过程中,即使出现 SQL 错误也继续执行。

⑯--lock-all-tables, -x：对所有数据库中的所有表加锁。在整体转储过程中通过全局锁定来实现。该选项自动关闭--single-transaction 和--lock-tables。

⑰--lock-tables, -1：开始转储前锁定所有表。用 READ LOCAL 锁定表以允许并行插入 MyISAM 表。对于事务表(如 InnoDB 和 BDB) ,--single-transaction 是一个更好的选项,因为它根本不需要锁定表。

⑱- - no - create - db, - n：该选项禁用 CREATE DATABASE / *! 32312 IF NOT EXISTS */ db_name 语句,如果给出--database 或--all-database 选项,则包含到输出中。

⑲--no-create-info, -t：只导出数据,而不添加 CREATE TABLE 语句。

⑳--no-data, -d：不写表的任何行信息,只转储表的结构。

㉑--opt：该选项是速记,等同于指定--add-drop-tables--add-locking,--create-option,--disable-keys-extended-insert, --lock-tables-quick 和--set-charset。它可以快速进行转储操作并产生一个能很快装入 MySQL 服务器的转储文件。该选项默认开启,但可以用-skip-opt 禁用。要想禁用使用-opt 启用的选项,可以使用-skip 形式,例如--skip-add-drop-tables 或--skip-quick。

㉒--password[=password]，--p[password]：当连接服务器时使用的密码。如果使用
短选项形式(-p)，选项和密码之间不能有空格。如果在命令行中--password 或--p 选项后
面没有密码值，则提示输入一个密码。

㉓--port=port_num，-P port_num：用于连接的 TCP/IP 端口号。

㉔--protocol={TCP|SOCKET|PIPE|MEMORY}：使用的连接协议。

㉕--replace，--r -replace 和--ignore：控制替换或复制唯一键值已有记录的输入记录
的处理。如果指定--replace，新行替换有相同的唯一键值的已有行；如果指定--ignore，复制
已有的唯一键值的输入行被跳过。如果不指定这两个选项，当发现一个复制键值时会出现
一个错误，并且忽视文本文件的剩余部分。

㉖--silent，-s：沉默模式。只有出现错误时才输出。

㉗--socket=path，-S path：当连接 localhost 时使用的套接字文件(为默认主机)。

㉘--user=user_name，-u user_name：当连接服务器时 MySQL 使用的用户名。

㉙--verbose，-v：冗长模式。打印出程序操作的详细信息。

㉚--version，-V：显示版本信息并退出。

㉛--xml，-X：产生 XML 输出。

MySQLdump 提供许多选项，包括用于调试和压缩的，在这里只是列举最有用的。运行
帮助命令 MySQLdump-help，可以获得特定版本的完整选项列表。

提示：如果运行 MySQLdump 没有-quick 或-opt 选项，MySQLdump 在转储结果前将整个结
果集装入内存。如果转储大数据库可能会出现问题，该选项默认启用，但可以用--skip-opt 禁
用。如果使用最新版本的 MySQLdump 程序备份数据，并用于恢复到比较旧版本的 MySQL
服务器中，则不要使用-opt 或-e 选项。

13.1.2　直接复制整个数据库目录

因为 MySQL 表保存为文件方式，所以可以直接复制 MySQL 数据库的存储目录及文件进
行备份。MySQL 的数据库目录位置不一定相同，在 Windows 平台下，MySQL 5.7 存放数据库
的目录通常默认为"C:\Documents and SettingsVAll UsersVApplication Data\MySQL\MySQL
Server 5.7\data"或者其他用户自定义目录；在 Linux 平台下，数据库目录位置通常为/var/
lib/MySQL/，不同 Linux 版本下目录会有不同，读者应在自己使用的平台下查找该目录。

直接复制整个数据库目录是一种简单、快速、有效的备份方式。要想保持备份的一致
性，备份前需要对相关表执行 LOCK TABLES 操作，然后对表执行 FLUSH TABLES。这样当
复制数据库目录中的文件时，允许其他客户继续查询表。需要 FLUSH TABLES 语句来确保
开始备份前将所有激活的索引页写入硬盘。当然，也可以停止 MySQL 服务再进行备份
操作。

这种方法虽然简单，但并不是最好的方法。因为这种方法对 InnoDB 存储引擎的表不

适用。

使用这种方法备份的数据最好恢复到相同版本的服务器中,因为不同的版本可能不兼容。

提示:在 MySQL 版本号中,第一个数字表示主版本号,主版本号相同的 MySQL 数据库文件格式相同。

13.1.3　使用 MySQLhotcopy 工具快速备份

MySQLhotcopy 是一个 Perl 脚本,最初由 Tim Bunce 编写并提供。它使用 LOCK TABLES、FLUSH TABLES 和 cp 或 scp 来快速备份数据库。它是备份数据库或单个表最快的途径,但它只能运行在数据库目录所在的机器上,并且只能备份 MyISAM 类型的表。MySQLhotcopy 在 Unix 系统中运行。

MySQLhotcopy 命令语法格式如下:

```
MySQLhotcopy db_name_1, ..., db_name_n /path/to/new_directory
```

db_name_1,…,db_name_n 分别为需要备份的数据库的名称;/path/to/new_directory 为指定备份文件目录。

【例 13.5】　使用 MySQLhotcopy 备份 test 数据库到/usr/backup 目录下,输入语句如下:

```
MySQLhotcopy -u root -p test /usr/backup
```

要想执行 MySQLhotcopy,必须可以访问备份的表文件,具有哪些表的 SELECT 权限、RELOAD 权限(以便能够执行 FLUSH TABLES)和 LOCK TABLES 权限。

提示:MySQLhotcopy 只是将表所在的目录复制到另一个位置,只能用于备份 MyISAM 和 ARCHIVE 表。备份 InnoDB 类型的数据表时会出现错误信息。由于它复制本地格式的文件,故也不能移植到其他硬件或操作系统下。

13.2　数据恢复

管理人员操作的失误、计算机故障以及其他意外情况,都会导致数据的丢失和破坏。当数据丢失或意外破坏时,可以通过恢复已经备份的数据尽量减少数据丢失和破坏造成的损失。本节将介绍数据恢复的方法。

13.2.1　使用 MySQL 命令恢复

对于已经备份的包含 CREATE 和 INSERT 语句的文本文件,可以使用 MySQL 命令导入数据库中。本小节将介绍 MySQL 命令导入 SQL 文件的方法。

备份的 sql 文件中包含 CREATE 和 INSERT 语句(有时也会有 DROP 语句)。MySQL 命令可以直接执行文件中的这些语句。其语法格式如下:

```
MySQL -u user -p[dbname] < filename.sql
```

user 是执行 backup. sql 中语句的用户名;-p 是输入用户密码;dbname 是数据库名。如果 filename. sql 文件为 MySQLdump 工具创建的包含创建数据库语句的文件,执行时不需要指定数据库名。

【例 13.6】　使用 MySQL 命令将 C:/backup/booksdb_20160301. sql 文件中的备份导入数据库中,输入语句如下:

```
MySQL -u root -p booksDB < C: /backup/booksdb_20160301.sql
```

执行该语句前,必须先在 MySQL 服务器中创建 booksDB 数据库,如果不存在恢复过程将会出错。命令执行成功之后 booksdb_20160301. sql 文件中的语句就会在指定的数据库中恢复以前的表。

如果已经登录 MySQL 服务器,还可以使用 SOURCE 命令导入 SQL 文件。SOURCE 语句语法如下:

```
SOURCE filename
```

【例 13.7】　使用 root 用户登录到服务器,然后使用 SOURCE 导入本地的备份文件 booksDB_ 20160301. sql,输入语句如下:

```
--选择要恢复到的数据库
MySQL> USE booksDB;
Database changed


--使用 SOURCE 命令导入备份文件
MySQL> SOURCE C: \backup \booksDB_20160301.sql
```

命令执行后,会列出备份文件 booksDB_20160301. sql 中每一条语句的执行结果。SOURCE 命令执行成功后,booksDB_20160301. sql 中的语句会全部导入现有数据库。

提示:执行 SOURCE 命令前,必须使用 USE 语句选择数据库。不然,恢复过程中会出现 "ERROR 1046 (3D000): No database selected" 的错误。

13.2.2　直接复制到数据库目录

如果数据库通过复制数据库文件备份,可以直接复制备份的文件到 MySQL 数据目录下实现恢复。通过这种方式恢复时,必须保存备份数据的数据库和待恢复的数据库服务器的主版本号相同。而且这种方式只对 MyISAM 引擎的表有效,对于 InnoDB 引擎的表不可用。

执行恢复以前关闭 MySQL 服务,将备份的文件或目录覆盖 MySQL 的 data 目录,启动 MySQL 服务。对于 LinuxAJnix 操作系统来说,复制完文件需要将文件的用户和组更改为

MySQL 运行的用户和组,通常用户是 MySQL,组也是 MySQL。

13.2.3　MySQLhotcopy 快速恢复

MySQLhotcopy 备份后的文件也可以用来恢复数据库,在 MySQL 服务器停止运行时,将备份的数据库文件复制到 MySQL 存放数据的位置(MySQL 的 data 文件夹),重新启动 MySQL 服务即可。如果以 root 用户执行该操作,必须指定数据库文件的所有者,输入语句如下:

```
CHOWN -R mysql.mysql /var/lib/mysql/dbname
```

【例 13.8】　从 MySQLhotcopy 复制的备份恢复数据库,输入语句如下:

```
CP -R /usr/backup/test usr/local/mysql/data
```

提示:执行完该语句,重启服务器,MySQL 将恢复到备份状态。如果需要恢复的数据库已经存在,则在使用 DROP 语句删除已经存在的数据库之后,恢复才能成功。另外,MySQL 不同版本之间必须兼容,恢复之后的数据才可以使用。

13.3　数据库迁移

数据库迁移就是把数据从一个系统移动到另一个系统上。数据迁移有以下原因:
①需要安装新的数据库服务器。
②MySQL 版本更新。
③数据库管理系统的变更(如从 Microsoft SQL Server 迁移到 MySQL)。

13.3.1　相同版本的 MySQL 数据库之间的迁移

相同版本的 MySQL 数据库之间的迁移就是在主版本号相同的 MySQL 数据库之间进行数据库移动。迁移过程其实就是在源数据库备份和目标数据库恢复过程的组合。

在讲解数据库备份和恢复时,已经知道最简单的方式是通过复制数据库文件目录,但是此种方法只适用于 MyISAM 引擎的表。而对于 InnoDB 表,不能用直接复制文件的方式备份数据库,因此最常用和最安全的方式是使用 MySQLdump 命令导出数据,然后在目标数据库服务器中使用 MySQL 命令导入。

【例 13.9】　将 www.abc.com 主机上的 MySQL 数据库全部迁移到 www.bcd.com 主机上。在 www.abc.com 主机上执行的命令如下:

```
MySQLdump -h www.abc.com -uroot -ppassword dbname |
MySQL -h www.bcd.com -uroot -ppassword
```

MySQLdump 导入的数据直接通过管道符"｜"传给 MySQL 命令导入的主机 www. bcd. com 数据库中,dbname 为需要迁移的数据库名称,如果要迁移全部的数据库,可使用参数-all-databases。

13.3.2　不同版本的 MySQL 数据库之间的迁移

因为数据库升级等原因,需要将较旧版本的 MySQL 数据库中的数据迁移到较新版本的数据库中。MySQL 服务器升级时,需要先停止服务,然后卸载旧版本,并安装新版的 MySQL,这种更新方法很简单,如果想保留旧版本中的用户访问控制信息,则需要备份 MySQL 中的 MySQL 数据库,在新版本 MySQL 安装完成之后,重新读入 MySQL 备份文件中的信息。

旧版本与新版本的 MySQL 可能使用不同的默认字符集,例如 MySQL 4. x 中大多使用 latinl 作为默认字符集,而 MySQL 5. x 的默认字符集为 utf8。如果数据库中有中文数据,迁移过程中需要对默认字符集进行修改,不然可能无法正常显示结果。

新版本会对旧版本有一定兼容性。从旧版本的 MySQL 向新版本的 MySQL 迁移时,对于 MyISAM 引擎的表,可以直接复制数据库文件,也可以使用 MySQLhotcopy 工具和 MySQLdump 工具。对于 InnoDB 引擎的表,一般只能使用 MySQLdump 将数据导出,然后使用 MySQL 命令导入目标服务器上。从新版本向旧版本 MySQL 迁移数据时要特别小心,最好使用 MySQLdump 命令导出,然后导入目标数据库中。

13.3.3　不同数据库之间的迁移

不同类型的数据库之间的迁移,是指把 MySQL 的数据库转移到其他类型的数据库,例如从 MySQL 迁移到 Oracle,从 Oracle 迁移到 MySQL,从 MySQL 迁移到 SQL Server 等。

迁移之前,需要了解不同数据库的架构,比较它们之间的差异。不同数据库中定义相同类型的数据的关键字可能会不同。例如,MySQL 中日期字段分为 DATE 和 TIME 两种,而 Oracle 日期字段只有 DATE。另外,数据库厂商并没有完全按照 SQL 标准来设计数据库系统,导致不同的数据库系统的 SQL 语句有差别。例如,MySQL 几乎完全支持标准 SQL 语言,而 Microsoft SQL Server 使用的是 T-SQL 语言,T-SQL 中有一些非标准的 SQL 语句,因此在迁移时必须对这些语句进行语句映射处理。

数据库迁移可以使用一些工具,例如在 Windows 系统下,可以使用 MyODBC 实现 MySQL 和 SQL Server 之间的迁移。MySQL 官方提供的工具 MySQL Migration Toolkit 也可以在不同的数据库间进行数据迁移。

13.4 表的导出和导入

有时会需要将 MySQL 数据库中的数据导出到外部存储文件中，MySQL 数据库中的数据可以导出为 sql 文本文件、xml 文件或者 html 文件。同样这些导出文件也可以导入到 MySQL 数据库中。本小节将介绍数据导出和导入的常用方法。

13.4.1 使用 SELECTI … INTO OUTFILE 导出文本文件

MySQL 数据库导出数据时，允许使用包含导出定义的 SELECT 语句进行数据的导出操作。该文件被创建到服务器主机上，因此必须拥有文件写入权限（FILE 权限），才能使用此语法。"SELECT … INTO OUTFILE 'filename'"形式的 SELECT 语句可以把被选择的行写入一个文件中，filename 不能是一个已经存在的文件。SELECT … INTO OUTFILE 语句基本格式如下：

```
SELECT columnlist from table WHERE condition INTO OUTFILE "filename"[OPTIONS]

--OPTIONS 选项
FIELDS TERMINATED BY 'vaule'
FIELDS[OPTIONALLY] ENCLOSED BY 'vaule'
FIELDS ESCAPED BY 'vaule'
LINES STRTING BY 'vaule'
LINES TERMINATED BY 'vaule'
```

可以看到 SELECT columnlist FROM table WHERE condition 为一个查询语句，查询结果返回满足指定条件的一条或多条记录；INTO OUTFILE 语句的作用就是把前面 SELECT 语句查询出来的结果导出到名称为"filename"的外部文件中。[OPTIONS]为可选参数选项，OPTIONS 部分的语法包括 FIELDS 和 LINES 子句，其可能的取值有：

①FIELDS TERMINATED BY 'value'：设置字段之间的分隔字符，可以为单个或多个字符，默认情况下为制表符"\t"。

②FIELDS[OPTIONALLY] ENCLOSED BY 'value'：设置字段的包围字符，只能为单个字符，如果使用了 OPTIONALLY 则只有 CHAR 和 VERCHAR 等字符数据字段被包括。

③FIELDS ESCAPED BY 'value'：设置如何写入或读取特殊字符，只能为单个字符，即设置转义字符，默认值为"\"。

④LINES STARTING BY 'value'：设置每行数据开头的字符，可以为单个或多个字符，默

认情况下不使用任何字符。

⑤LINES TERMINATED BY'value'：设置每行数据结尾的字符,可以为单个或多个字符,默认值为"\n"。

FIELDS 和 LINES 两个子句都是自选的,但是如果两个都被指定了,FIELDS 必须位于 LINES 的前面。

SELECT … INTO OUTFILE 语句可以非常快速地把一个表转储到服务器上。如果想要在服务器主机之外的部分客户主机上创建结果文件,不能使用 SELECT…INTO OUTFILE。在这种情况下,应该在客户主机上使用如"MySQL-e'SELECT …'> file_name"的命令来生成文件。

SELECT … INTO OUTFILE 是 LOAD DATA INFILE 的补语。用于语句的 OPTIONS 部分的语法包括部分 FIELDS 和 LINES 子句,这些子句与 LOAD DATA INFILE 语句同时使用。

【例 13.10】　使用 SELECT…INTO OUTFILE 将 test 数据库中的 person 表中的记录导出到文本文件,输入命令如下：

```
SELECT *  FROM test.person INTO OUTFILE "C: \person0.txt";
```

由于指定了 INTO OUTFILE 子句,SELECT 将查询出来的 3 个字段的值保存到 C：\person0. txt 文件中,打开文件内容如下：

```
1        Green       21        Lawyer
2        Suse        22        dancer
3        Mary        24        Musician
4        Wiliam      20        sports man
5        Laura       25        \N
6        Evans       27        secretary
7        Dale        22        cook
8        Edison      28        singer
9        Harry       21        magician
10       Harrie      19        pianist
```

可以看到默认情况下,MySQL 使用制表符"\t"分隔不同的字段,字段没有被其他字符括起来。另外,在 Windows 平台下,使用记事本打开该文件,显示的格式与这里并不相同,这是因为 Windows 系统下回车换行符为"\r\n",默认换行符为"\n",因此会在 person. txt 中可能看到类似黑色方块的字符,所有的记录也会在同一行显示。

另外,注意到第 5 行中有一个字段值为"\N",这表示该字段的值为 NULL。默认情况下,如果遇到 NULL 值,将会返回"\N"代表空值,反斜线"\"表示转义字符,如果使用 ESCAPED BY 选项,则 N 前面为指定的转义字符。

13.4.2 使用 MySQLdump 命令导出文本文件

除了使用 SELECT ... INTO OUTFILE 语句导出文本文件之外,还可以使用 MySQLdump 命令。本章开始介绍了使用 MySQLdump 备份数据库,该工具不仅可以将数据导出为包含 CREATE 和 INSERT 的 SQL 文件,也可以导出为纯文本文件。

MySQLdump 创建一个包含创建表的 CREATE TABLE 语句的 tablename. sql 文件和一个包含其数据的 tablename. txt 文件。MySQLdump 导出文本文件的基本语法格式如下:

```
MySQLdump -T path -u root -p dbname [tables][OPTIONS]
--OPTIONS 选项
--fields-terminated-by=value
--fields-enclosed-by=value
--fields-optionally-enclosed-by=value
--fields-escaped-by=value lines-terminated-by* value
```

只有指定了-T 参数才可以导出纯文本文件;path 为导出数据的目录;tables 为指定要导出的表名称,如果不指定,将导出数据库 dbname 中所有的表;[OPTIONS]为可选参数选项,这些选项需要结合-T 选项使用。使用 OPTIONS 常见的取值有:

①--fields-terminated-by=value:设置字段之间的分隔字符,可以为单个或多个字符,默认情况下为制表符"\t"。

②--fields-enclosed-by=value:设置字段的包围字符。

③--fields-optionally-enclosed-by=value:设置字段的包围字符,只能为单个字符,只能包括 char 和 varchar 等字符数据字段。

④--fields-escaped-by=value:控制如何写入或读取特殊字符,只能为单个字符,即设置转义字符,默认值为反斜线"\"。

⑤--lines-terminated-by=value:设置每行数据结尾的字符,可以为单个或多个字符,默认值为"\n"。

提示:与 SELECT ... INTO OUTFILE 语句中的 OPTIONS 各个参数设置不同,这里 OPTIONS 各个选项等号后面的 value 值不要用引号括起来。

【例 13.11】 使用 MySQLdump 将 test 数据库中的 person 表中的记录导出到文本文件,执行的命令如下:

```
MySQLdump -T C: \test person -u root-p
```

语句执行成功,系统 C 盘目录下面将会有两个文件,分别为 person. sql 和 person. txt。person. sql 包含创建 person 表的 CREATE 语句,其内容如下:

```
/* !40103 SET TIME ZONE =, +00: 00, * /;
/* !40101 SET @OLD_SQL_MODE =@@SQL_ MODE, SQL_MODE ='* /;
/* !40111 SET @OLD_SQL_NOTES =@@SQL_NOTES, SQL_NOTES =0* /;
```

```
--
--Table structure for table `person`
--


DROP TABLE IF EXISTS `person`;
/* !40101 SET @saved_cs_client = @@character_set_client * /;
/* !40101 SET character_set_client = utf8* /;


CREATE TABLE `person` (
`id` int(10) unsigned NOT NULL AUTO_INCREMENT,
`name`char (40) NOT NULL DEFAULT '',
`age` int (1-1) NOT NULL DEFAULT `0`,
`info` char(50) DEFAULT NULL,
PRIMARY KEY (`id`)
)ENGINE = InnoDB AUTO_INCREMENTS1 DEFAULT CHARSET = utf8;
/* !40101 SET character_set_client = @saved_cs_client * /;


/* !40103 SET TIME ZONE = @OLD TIME ZONE * /;
/* !40101 SET SQL_MODE = @OLD_SQL_MODE * /;
/* !40101 SET CHARACTER_SET_CLIENT = @OLD_CHARACTER_SET_CLIENT * /;
/* !40101 SET CHARACTER_SET_RESULTS = @OLD_CHARACTER_SET_RESULTS * /;
/* !40101 SET COLLATION_CONNECTION = @OLD_COLLATION_CONNECTION * /;
/* !40111 SET SQL_NOTES = @OLD_SQL_NOTES * /;
```

备份文件中的信息参见 13.1.1 节中的介绍。

person. txt 包含数据包中的数据,其内容如下:

1	Green	21	Lawyer
2	Suse	22	dancer
3	Mary	24	Musician
4	Wiliam	20	sports man
5	Laura	25	\N
6	Evans	27	secretary
7	Dale	22	cook
8	Edison	28	singer
9	Harry	21	magician
10	Harrie	19	pianist

13.4.3 使用 MySQL 命令导出文本文件

MySQL 是一个功能丰富的工具命令,使用 MySQL 还可以在命令行模式下执行 SQL 指令,将查询结果导入文本文件。相比 MySQLdump,MySQL 工具导出的结果可读性更强。

如果 MySQL 服务器是单独的机器,用户是在一个 Client 上进行操作,用户要把数据结果导入 Client 机器上。可以使用 MySQL-e 语句。

使用 MySQL 导出数据文本文件语句的基本格式如下:

```
MySQL -u root -p --execute = "SELECT 语句" dbname > filename.txt
```

该命令使用--execute 选项,表示执行该选项后面的语句并退出,后面的语句必须用双引号括起来,dbname 为要导出的数据库名称;导出的文件中不同列之间使用制表符分隔,第1 行包含了各个字段的名称。

【例 13.12】 使用 MySQL 语句,导出 test 数据库 person 表中的记录到文本文件,输入语句如下:

```
MySQL -u root -p --execute = "SELECT *  FROM person;" test > C: \person3.txt
```

语句执行完毕之后,系统 C 盘目录下面将会有名称为 person3. txt 的文本文件,其内容如下:

```
Id        name        age         info
1         Green       21          Lawyer
2         Suse        22          dancer
3         Mary        24          Musician
4         Wiliam      20          sports man
5         Laura       25          NULL
6         Evans       27          secretary
7         Dale        22          cook
8         Edison      28          singer
9         Harry       21          magician
10        Harrie      19          pianist
```

可以看到,person3. txt 文件中包含了每个字段的名称和各条记录,该显示格式与 MySQL 命令行下 SELECT 查询结果显示相同。

使用 MySQL 命令还可以指定查询结果的显示格式,如果某行记录字段很多,可能一行不能完全显示,可以使用--vartical 参数,将每条记录分为多行显示。

MySQL 可以将查询结果导出到 html 文件中,使用--html 选项即可。

【例 13.13】 使用 MySQL 命令导出 test 数据库 person 表中的记录到 html 文件,输入语句如下:

```
MySQL -u root -p --html --execute = "SELECT *  FROM person;" test > C: \person5.html
```

如果要将表数据导出到 xml 文件中,可使用--xml 选项。

【例 13.14】　使用 MySQL 命令导出 test 数据库 person 表中的记录到 xml 文件,输入语句如下:

```
MySQL -u root -p --xml --execute="SELECT *  FROM person;" test > C: \person6.xml
```

本章小结

本章主要讲解了什么是数据备份、各种数据备份的方法、数据恢复、数据库迁移以及表的导入和导出方法。数据的备份和恢复是本章的重点内容,内容比较复杂。数据备份介绍了使用 MySQLdump 命令备份、直接复制整个数据库目录和使用 MySQLhotcopy 工具快速备份 3 种方法;数据恢复介绍了使用 MySQL 命令恢复、直接复制到数据库目录和 MySQLhotcopy 快速恢复 3 种方法,同时介绍了数据的迁移和表的导入导出。希望读者能够认真学习这部分内容,并且结合案例在计算机上实际操作。

课后习题

1. 同时备份 test 数据库中的 fruits 和 suppliers 表,然后删除两个表中的内容并恢复。

2. 将 test 数据库中不同数据表的数据,导出到 xml 文件或者 html 文件,并查看文件内容。

3. 使用 MySQL 命令导出 fruits 表中的记录,并将查询结果以垂直方式显示导出文件。

第14章 索　引

索引用于快速找出在某个列中有一特定值的行。不使用索引，MySQL 必须从第 1 条记录开始读完整个表，直到找出相关的行。表越大，查询数据所花费的时间就越多。如果表中查询的列有一个索引，MySQL 就能快速到达某个位置去搜寻数据文件，而不必查看所有数据。本章将介绍与索引相关的内容，包括索引的含义和特点、索引的分类、索引的设计原则以及如何创建和删除索引。

学习目标：

- 掌握创建索引的方法和技巧；
- 熟悉如何删除索引；
- 掌握综合案例中索引创建的方法和技巧；
- 熟悉操作索引的常见问题。

14.1　索引简介

索引是对数据库表中一列或多列的值进行排序的一种结构，使用索引可提高数据库中特定数据的查询速度。本节将介绍索引的含义、分类和设计原则。

14.1.1　索引的含义和特点

索引是一个单独的、存储在磁盘上的数据库结构，它包含着对数据表里所有记录的引用指针。使用索引用于快速找出在某个或多个列中有一特定值的行，所有 MySQL 列类型都可以被索引，对相关列使用索引是提高查询操作速度的最佳途径。

例如，数据库中有 20 000 条记录，现在要执行这样一个查询：SELECT ＊ FROM table

WHERE num = 10 000。如果没有索引,必须遍历整个表,直到 num 等于 10 000 的这一行被找到为止;如果在 num 列上创建索引,MySQL 不需要任何扫描,直接在索引里面找 10 000,就可以得知这一行的位置。可见,索引的建立可以提高数据库的查询速度。

索引是在存储引擎中实现的,因此,每种存储引擎的索引都不一定完全相同,并且每种存储引擎也不一定支持所有索引类型。根据存储引擎定义每个表的最大索引数和最大索引长度。所有存储引擎支持每个表至少 16 个索引,总索引长度至少为 256 字节。大多数存储引擎有更高的限制。MySQL 中索引的存储类型有两种:BTREE 和 HASH,具体和表的存储引擎相关;MyISAM 和 InnoDB 存储引擎只支持 BTREE 索引;MEMORY/HEAP 存储引擎可以支持 HASH 和 BTREE 索引。

索引的优点主要有以下几条:

①通过创建唯一索引,可以保证数据库表中每一行数据的唯一性。

②可以大大加快数据的查询速度,这也是创建索引的最主要原因。

③在实现数据的参考完整性方面,可以加速表和表之间的连接。

④在使用分组和排序子句进行数据查询时,也可以显著地减少查询中分组和排序的时间。

增加索引也有许多不利因素,主要表现在以下几个方面:

①创建索引和维护索引要耗费时间,并且随着数据量的增加所耗费的时间也会增加。

②索引需要占磁盘空间,除了数据表占数据空间之外,每一个索引还要占一定的物理空间,如果有大量的索引,索引文件可能比数据文件更快达到最大文件尺寸。

③当对表中的数据进行增加、删除和修改时,索引也要动态地维护,这样就降低了数据的维护速度。

14.1.2 索引的分类

MySQL 的索引可以分为以下几类:

(1)普通索引和唯一索引

普通索引是 MySQL 中的基本索引类型,允许在定义索引的列中插入重复值和空值。唯一索引是索引列的值必须唯一,但允许有空值。如果是组合索引,则列值的组合必须唯一。主键索引是一种特殊的唯一索引,不允许有空值。

(2)单列索引和组合索引

单列索引即一个索引只包含单个列,一个表可以有多个单列索引。

组合索引指在表的多个字段组合上创建的索引,只有在查询条件中使用了这些字段的左边字段时,索引才会被使用。使用组合索引时遵循最左前缀集合。

(3)全文索引

全文索引类型为 FULLTEXT,在定义索引的列上支持值的全文查找,允许在这些索引列中插入重复值和空值。全文索引可以在 char,varchar 或者 text 类型的列上创建。MySQL 中只有 MyISAM 存储引擎支持全文索引。

（4）空间索引

空间索引是对空间数据类型的字段建立的索引，MySQL 中的空间数据类型有 4 种，分别是 geometry，point，linestring 和 polygon。MySQL 使用 SPATIAL 关键字进行扩展，使得能够用与创建正规索引类似的语法创建空间索引。创建空间索引的列，必须将其声明为 NOT NULL，空间索引只能在存储引擎为 MyISAM 的表中创建。

14.1.3 索引的设计原则

索引设计不合理或者缺少索引都会对数据库和应用程序的性能造成障碍。高效的索引对于获得良好的性能非常重要。设计索引时，应考虑以下准则：

①索引并非越多越好，一个表中如有大量的索引，不仅占用磁盘空间，而且会影响 INSERT，DELETE，UPDATE 等语句的性能，因为表中的数据更改的同时，索引也会进行调整和更新。

②避免对经常更新的表进行过多的索引，并且索引中的列尽可能少。而对经常用于查询的字段应该创建索引，但要避免添加不必要的字段。

③数据量小的表最好不要使用索引，由于数据较少，查询花费的时间可能比遍历索引的时间还要短，索引可能不会产生优化效果。

④条件表达式中，在经常用到的不同值较多的列上建立索引，在不同值很少的列上不要建立索引。比如在学生表的"性别"字段上只有"男"与"女"两个不同值，因此就无须建立索引。如果建立索引，不但不会提高查询效率，反而会严重降低数据更新速度。

⑤当唯一性是某种数据本身的特征时，指定唯一索引。使用唯一索引需要能够确保定义的列的数据完整性，以提高查询速度。

⑥在频繁进行排序或分组（即进行 GROUP BY 或 ORDER BY 操作）的列上建立索引，如果待排序的列有多个，可以在这些列上建立组合索引。

14.2 创建索引

MySQL 支持多种方法在单个或多个列上创建索引：在创建表的定义语句 CREATETABLE 中指定索引列，使用 ALTER TABLE 语句在存在的表上创建索引，或者使用 CREATE INDEX 语句在已存在的表上添加索引。

14.2.1　创建表时创建索引

使用 CREATE TABLE 创建表时,除了可以定义列的数据类型,还可以定义主键约束、外键约束或者唯一性约束,而不论创建哪种约束,在定义约束的同时相当于在指定列上创建了一个索引。创建表时创建索引的基本语法格式如下:

```
CREATE TABLE table_ name[co1_ name data type]
(UNIQUE IFULLTEXTISPATIAL)[INDEX IKEY][index_name] (col _name[length])[ASC |DESC]
```

UNIQUE,FULLTEXT 和 SPATIAL 为可选参数,分别表示唯一索引、全文索引和空间索引;INDEX 与 KEY 为同义词,两者作用相同,用来指定创建索引;col_name 为需要创建索引的字段列,该列必须从数据表中定义的多个列中选择;index_ name 指定索引的名称,为可选参数,如果不指定,MySQL 默认 col_name 为索引值;length 为可选参数,表示索引的长度,只有字符串类型的字段才能指定索引长度;ASC 或 DESC 指定升序或者降序的索引值存储。

(1)创建普通索引

普通索引是最基本的索引类型,没有唯一性之类的限制,其作用只是加快对数据的访问速度。

【例 14.1】　在 book 表中的 year_ publication 字段上建立普通索引,SQL 语句如下:

```
CREATE TABLE book(
bookID                int NOT NULL,
bookname              varchar(255) NOT NULL,
authors               varchar(255) NOT NULL,
info                  varchar(255) NULL,
comment               varchar(255) NULL,
year_publication      year NOT NULL,
INDEX (year_publication)
);
```

该语句执行完毕后,使用 SHOW CREATE TABLE 查看表结构。

由结果可以看到,book 表的 year_publication 字段上成功建立索引,其索引名称 year_publication 为 MySQL 自动添加。这里用 EXPLAIN 语句查看索引是否正在使用:

```
explain SELECT *  FROM book WHERE year_publication=1990 \G
* * * * * * * * * * * * * * * * * * *1. row * * * * * * * * * * * * * * * * * * *
    ID: 1
  select_type: SIMPLE
     table: book
  partitions: NULL
     type: ref
```

```
possible_keys: year_publication
         key: year_publication
     key_len: 1
         ref: const
        rows: 1
    filtered: 100.00
       Extra: Using index condition
```

EXPLAIN 语句输出结果的各个行解释如下：

①select_ type：指定所使用的 SELECT 查询类型，这里的值为 SIMPLE，表示简单的 SELECT，不使用 UNION 或子查询。其他可能的取值有 PRIMARY，UNION，SUBQUERY 等。

②table：指定数据库读取的数据表的名字，它们按被读取的先后顺序排列。

③type：指定了本数据表与其他数据表之间的关联关系，可能的取值有 system. Const，eq_ref，ref，range，index 和 All。

④possible_ keys：给出了 MySQL 在搜索数据记录时可选用的各个索引。

⑤key：MySQL 实际选用的索引。

⑥key_ len：给出索引按字节计算的长度，key_ len 数值越小，表示越快。

⑦ref：给出了关联关系中另一个数据表里的数据列的名字。

⑧rows：MySQL 在执行这个查询时预计会从这个数据表里读出的数据行的个数。

⑨extra：提供了与关联操作有关的信息。

可以看出，possible_ keys 和 key 的值都为 year_ publication，查询时使用了索引。

（2）创建唯一索引

创建唯一索引的主要原因是减少查询索引列操作的执行时间，尤其是对比较庞大的数据表。它与前面的普通索引类似，所不同的是索引列的值必须唯一，但允许有空值。如果是组合索引，则列值的组合必须唯一。

【例 14.2】 创建一个表 t1，在表中的 ID 字段上使用 UNIQUE 关键字创建唯一索引。

```
CREATE TABLE t1
(ID int NOT NULL,
Name char(30) NOT NULL,
UNIQUE INDEX UniqIdx (ID)
);
```

该语句执行完毕后，使用 SHOW CREATE TABLE 查看表结构。

```
SHOW CREATE TABLE t1
```

由结果可以看出，ID 字段上已经成功建立了一个名为 UniqIdx 的唯一索引。

（3）创建单列索引

单列索引是在数据表中的某一个字段上创建的索引，一个表中可以创建多个单列索引。

前面两个例子中创建的索引都为单列索引。

【例 14.3】 创建一个表 t2,在表中的 name 字段上创建单列索引。

其表结构如下:

```
CREATE TABLE t2
(
ID int NOT NULL,
name char(50) NULL,
INDEX SingleIdx (name (20))
);
```

该语句执行完毕之后,使用 SHOW CREATE TABLE 查看表结构。

```
SHOW CREATE TABLE t2
```

由结果可以看出,ID 字段上已经成功建立了一个名为 SingleIdx 的单列索引,索引长度为 20。

(4)创建组合索引

组合索引是在多个字段上创建一个索引。

【例 14.4】 创建表 t3,在表中的 id,name 和 age 字段上建立组合索引,SQL 语句如下:

```
CREATE TABLE t3
(
  ID int NOT NULL,
  name char(30) NOT NULL,
    age int NOT NULL,
    info varchar(255),
  INDEX MultiIdx (ID, name,info)
);
```

该语句执行完毕后,使用 SHOW CREATE TABLE 查看表结构。

```
SHOW CREATE TABLE t3
```

由结果可以看出,ID, name 和 age 字段上已经成功建立了一个名为 MultiIdx 的组合索引。

组合索引可起到几个索引的作用,但是使用时并不是随便查询哪个字段都可以使用索引,而是遵从"最左前缀":利用索引中最左边的列集来匹配行,这样的列集称为最左前缀。例如,这里由 ID,name 和 age 3 个字段构成的索引,索引行中按 ID/name/age 的顺序存放,索引可以搜索下面字段组合:(ID, name, age)、(ID, name)或者 ID。如果列不构成索引最左面的前缀,MySQL 不能使用局部索引,如(age)或者(name,age)组合则不能使用索引查询。

在 t3 表中,查询 ID 和 name 字段,使用 EXPLAIN 语句查看索引的使用情况:

```
EXPLAIN SELECT *  FROM t3 WHERE ID=1 \G
* * * * * * * * * * * * * * * * * * * 1. row * * * * * * * * * * * * * * * * * * * * * * *
    ID: 1
  select_type: SIMPLE
    table: t3
  partitions: NULL
    type: ref
possible_keys: MultiIdx
    key: MultiIdx
    key_len: 4
    ref: const
    rows: 1
  filtered: 100.00
    Extra: NULL
```

可以看出,查询 ID 和 name 字段时,使用了名称 MultiIdx 的索引。

(5)**创建全文索引**

FULLTEXT(全文索引)可以用于全文搜索。只有 MyISAM 存储引擎支持 FULLTEXT 索引,并且只为 char,varchar 和 text 列创建索引。索引总是对整个列进行,不支持局部(前缀)索引。

【例 14.5】 创建表 t4,在表中的 info 字段上建立全文索引,SQL 语句如下:

```
CREATE TABLE t4
(
ID int NOT NULL,
name char(30) NOT NULL,
age int NOT NULL,
info varchar(255),
FULLTEXT INDEX FullTxtIdx (info)
)ENGINE=MyISAM;
```

提示:因为 MySQL 5.7 中默认存储引擎为 InnoDB,在这里创建表时需要修改表的存储引擎为 MyISAM,不然创建索引会出错。

语句执行完毕后,使用 SHOW CREATE TABLE 查看表结构。

```
SHOW CREATE TABLE t4
```

由结果可以看出,info 字段上已经成功建立了一个名为 FullTxtIdx 的 FULLTEXT 索引。全文索引非常适合于大型数据集,对于小的数据集,它的用处比较小。

（6）创建空间索引

空间索引必须在 MyISAM 类型的表中创建，且空间类型的字段必须为非空。

【例 14.6】 创建表 t5，在空间类型为 GEOMETRY 的字段上创建空间索引，SQL 语句如下：

```
CREATE TABLE t5
(g GEOMETRY NOT NULL,
SPATIAL INDEX spatIdx(g)) ENGINE=MyISAM;
```

该语句执行完毕后，使用 SHOW CREATE TABLE 查看表结构。

```
SHOW CREATE TABLE t5
```

由结果可以看出，t5 表的 g 字段上创建了名称为 spatIdx 的空间索引。注意创建时指定空间类型字段值的非空约束，并且表的存储引擎为 MyISAM。

14.2.2 在已经存在的表上创建索引

在已经存在的表上创建索引，可以使用 ALTER TABLE 语句或者 CREATE INDEX 语句，本节将介绍如何使用 ALTER TABLE 和 CREATE INDEX 语句在已知表字段上创建索引。

（1）使用 ALTER TABLE 语句创建索引

ALTER TABLE 创建索引的基本语法如下：

```
ALTER TABLE table name ADD[UNIQUE | FULLTEXT | SPATIAL][INDEX KEY][index name] (co1_
name[length], ...)[ASC | DESC]
```

与创建表时创建索引的语法不同的是，在这里使用了 ALTER TABLE 和 ADD 关键字，ADD 表示向表中添加索引。

【例 14.7】 在 book 表中的 bookname 字段上建立名为 BkNameIdx 的普通索引。

添加索引之前，使用 SHOW INDEX 语句查看指定表中创建的索引：

```
SHOW INDEX FROM book \G
* * * * * * * * * * * * * * * * * 1. row * * * * * * * * * * * * * * * * * * * *
    Table: book
  Non_unique: 1
    Key_name: year_publication
  Seq_in_index: 1
    Column_name: year_publication
    Collation: A
  Cardinality: 0
    Sub_part: NULL
    Packed: NULL
```

```
    Null:
    Index_type: BTREE
    Comment:
Index_comment:
    Visible: YES
```

其中各个主要参数的含义为：

①Table:创建索引的表。

②Non_unique:索引非唯一,1 代表非唯一索引,0 代表唯一索引。

③Key_name:索引的名称。

④Seq_ in_ index:该字段在索引中的位置,单列索引该值为1,组合索引为每个字段在索引定义中的顺序。

⑤Column_ name:定义索引的列字段。

⑥Sub_ part:索引的长度。

⑦Null:该字段是否为空值。

⑧Index_ type:索引类型。

可以看出,book 表中已经存在了一个索引,即前面已经定义的名称为 year_ publication 索引,该索引为非唯一索引。

下面使用 ALTER TABLE 在字段上添加索引,SQL 语句如下：

```
ALTER TABLE book ADD INDEX BkNameIdx(bookname (30));
```

使用 SHOW INDEX 语句查看表中的索引。

```
SHOW INDEX FROM book \G
* * * * * * * * * * * * * * * * * * * 1. row * * * * * * * * * * * * * * * * * * * *
    Table: book
  Non_unique: 1
    Key_name: year_publication
Seq_in_index: 1
  Column_name: year_publication
    Collation: A`
  Cardinality: 0
    Sub_part: NULL
    Packed: NULL
    Null:
  Index_type: BTREE
    Comment:
Index_comment:
    Visible: YES
```

```
* * * * * * * * * * * * * * * * * * * 2. row * * * * * * * * * * * * * * * * * * * *
        Table: book
    Non_unique: 1
      Key_name: BkNameIdx
  Seq_in_index: 1
   Column_name: bookname
     Collation: A
   Cardinality: 0
      Sub_part: 30
        Packed: NULL
          Null:
    Index_type: BTREE
       Comment:
 Index_comment:
       Visible: YES
```

可以看出,现在表中已经有了两个索引,另一个为通过 ALTER TABLE 语句添加的名称为 BkNameIdx 的索引,该索引为非唯一索引,长度为 30。

【例 14.8】　在 book 表的 bookId 字段上建立名称为 UniqidIdx 的唯一索引,SQL 语句如下:

```
ALTER TABLE book ADD UNIQUE INDEX UniqidIdx (bookId);
```

使用 SHOW INDEX 语句查看表中的索引。

```
SHOW INDEX FROM book
```

可以看到 Non_unique 属性值为 0,表示名称为 UniqidIdx 的索引为唯一索引,创建唯一索引成功。

【例 14.9】　在 book 表的 comment 字段上建立单列索引,SQL 语句如下:

```
ALTER TABLE book ADD INDEX BkcmtIdx (comment(50));
```

使用 SHOW INDEX 语句查看表中的索引。

```
SHOW INDEX FROM book
```

可以看出,语句执行之后在 book 表的 comment 字段上建立的名称为 BkcmtIdx 的索引,长度为 50,在查询时,只需要检索前 50 个字符。

【例 14.10】　在 book 表的 authors 和 info 字段上建立组合索引,SQL 语句如下:

```
ALTER TABLE book ADD INDEX BkAuAndInfoIdx (authors(30),info(50));
```

使用 SHOW INDEX 语句查看表中的索引。

```
SHOW INDEX FROM book
```

可以看到名称为 BkAuAndInfoIdx 的索引由两个字段组成,authors 字段长度为 30,在组合索引中的序号为 1,该字段不允许空值 NULL;info 字段长度为 50,在组合索引中的序号为 2,该字段可以为空值 NULL。

【例 14.11】 创建表 t6,在 t6 表上使用 ALTER TABLE 创建全文索引。首先创建表 t6, SQL 语句如下:

```
CREATE TABLE t6
(
  ID int NOT NULL,
  info char(255)
)ENGINE = MyISAM;
```

注意:修改 ENGINE 参数为 MyISAM,MySQL 默认引擎 InnoDB 不支持全文索引。
使用 ALTER TABLE 语句在 info 字段上创建全文索引。

```
ALTER TABLE t6 ADD FULLTEXT INDEX infoFTIdx (info);
```

使用 SHOW INDEX 语句查看表中的索引。

```
SHOW INDEX FROM t6
```

可以看出,t6 表中已经创建了名称为 infoFTIdx 的索引,该索引在 info 字段上创建,类型为 FULLTEXT,允许为空值。

【例 14.12】 创建表 t7,在 t7 的空间数据类型字段 g 上创建名称为 spatIdx 的空间索引 SQL 语句如下:

```
CREATE TABLE t7(g GEOMETRY NOT NULL) ENGINE = MyISAM;
```

使用 ALTER TABLE 在表 t7 的 g 字段建立空间索引。

```
ALTER TABLE t7 ADD SPATIAL INDEX spatIdx (g);
```

使用 SHOW INDEX 语句查看表中的索引。

```
SHOW INDEX FROM t7
```

可以看出,t7 表的 g 字段上创建了名称为 spatIdx 的空间索引。

(2)**使用 CREATE INDEX 创建索引**

CREATE INDEX 语句可以在已经存在的表上添加索引, MySQL 中 CREATE INDEX 被映射到一个 ALTER TABLE 语句上,基本语法结构为:

```
CREATE[UNIQUE FULLTEXT ISPATIAL] INDEX index name ON table name
(col_name[length], …)[ASC | DESC]
```

可以看出,CREATE INDEX 语句和 ALTER TABLE 语句的语法基本一致,只是关键字不同。在这里,使用相同的表 book,假设该表中没有任何索引值,创建 book 表语句如下:

```
CREATE TABLE book
(
bookID              int NOT NULL,
```

```
bookname            varchar(255) NOT NULL,
authors             varchar(255) NOT NULL,
info                varchar(255) ,
comment             varchar(255),
year_publication    year NOT NULL
);
```

提示：读者可以将该数据库中的 book 表删除，按上面的语句重新建立，然后进行下面的操作。

【例 14.13】 在 book 表中的 bookname 字段上建立名为 BkNameIdx 的普通索引，SQL 语句如下：

```
CREATE INDEX BkNameIdx ON book (bookname);
```

语句执行完毕后，将在 book 表中创建名称为 BkNameIdx 的普通索引。读者可以使用 SHOW INDEX 或者 SHOW CREATE TABLE 语句查看 book 表中的索引，其索引内容与前面介绍的相同。

【例 14.14】 在 book 表的 bookID 字段上建立名称为 UniqlDIdx 的唯一索引，SQL 语句如下：

```
CREATE UNIQUE INDEX UniqIDIdx ON book (bookID);
```

语句执行完毕后，将在 book 表中创建名称为 UniqIDIdx 的唯一索引。

【例 14.15】 在 book 表的 comment 字段上建立单列索引，SQL 语句如下：

```
CREATE INDEX BkcmtIdx ON book (comment(50));
```

语句执行完毕后，将在 book 表的 comment 字段上建立一个名为 BkcmtIdx 的单列索引，长度为 50。

【例 14.16】 在 book 表的 authors 和 info 字段上建立组合索引，SQL 语句如下：

```
CREATE INDEX BkAuAndInfoIdx ON book (authors (20), info(50));
```

语句执行完毕后，将在 book 表的 authors 和 info 字段上建立了一个名为 BkAuAndInfoIdx 的组合索引，authors 的索引序号为 1，长度为 20，info 的索引序号为 2，长度为 50。

【例 14.17】 删除表 t6，重新建立表 t6，在 t6 表中使用 CREATE INDEX 语句，在 CHAR 类型的 info 字段上创建全文索引，SQL 语句如下：

首先删除表 t6，并重新建立该表，分别输入下列语句：

```
DROP TABLE t6;

CREATE TABLE t6
  (
  ID int NOT NULL,
  info char(255)
  )ENGINE = MyISAM;
```

使用 CREATE INDEX 在 t6 表的 info 字段上创建名称为 infoFTIdx 的全文索引：

```
CREATE FULLTEXT INDEX ON t6(info);
```

语句执行完毕后，将在 t6 表中创建名称为 infoFTIdx 的索引，该索引在 info 字段上创建类型为 FULLTEXT，允许为空值。

【例 14.18】 删除表 t7，重新创建表 t7，在 t7 表中使用 CREATE INDEX 语句，在空间数据类型字段 g 上创建名称为 spatIdx 的空间索引，SQL 语句如下：

首先删除表 t7，并重新建立该表，分别输入下列语句：

```
DROP TABLE t7;
CREATE TABLE t7(g GEOMETRY NOT NULL) ENGINE=MyISAM;
```

使用 CREATE INDEX 语句在表 t7 的 g 字段建立空间索引。

```
CREATE SPATIAL INDEX spatIdx ON t7(g);
```

语句执行完毕后，将在 t7 表中创建名称为 spatIdx 的空间索引，该索引在 g 字段上创建。

14.3 删除索引

MySQL 中删除索引使用 ALTER TABLE 或者 DROP INDEX 语句，两者可实现相同的功能，DROP INDEX 语句在内部被映射到一个 ALTER TABLE 语句中。

(1) 使用 ALTER TABLE 删除索引

ALTER TABLE 删除索引的基本语法格式如下：

ALTER TABLE table name DROP INDEX index name;

【例 14.19】 删除 book 表中名称为 UniqIDIdx 的唯一索引。

首先查看 book 表中是否有名称为 UniqIDIdx 的索引，输入 SHOW 语句。

查询结果可以看到 book 表中有名称为 UniqIDIdx 的唯一索引，该索引在 bookId 字段上创建，下面删除该索引，输入删除语句如下：

```
ALTER TABLE book DROP INDEX UniqIDIdx;
```

提示：添加 AUTO_INCREMENT 约束字段的唯一索引不能被删除。

(2) 使用 DROP INDEX 语句删除索引

DROP INDEX 语句删除索引的基本语法格式如下：

```
DROP INDEX index name ON table name;
```

【例 14.20】 删除 book 表中名称为 BkAuAndInfoIdx 的组合索引，SQL 语句如下：

```
DROP INDEX BkAuAndInfoIdx ON book;
```

语句执行完毕后,使用 SHOW 语句查看索引是否被删除。

提示:删除表中的列时,如果要删除的列为索引的组成部分,则该列也会从索引中删除。如果组成索引的所有列都被删除,则整个索引将被删除。

本章小结

本章主要介绍了索引、如何创建索引以及删除索引。

课后习题

在 index_test 数据库中创建数据表 writers,writers 表结构见表 14.1,按要求进行操作。

表 14.1　writers 表结构

字段名	数据类型	主　键	外　键	非　空	唯　一	自　增
w_ID	smallint(11)	Y	N	Y	Y	Y
w_name	varchar(255)	N	N	Y	N	N
w_address	varchar(255)	N	N	N	N	N
w_age	char(2)	N	N	Y	N	N
w_note	varchar(255)	N	N	N	N	N

(1)在数据库 index_test 中创建表 writers,存储引擎为 MyISAM 字段上添加名称为 UniqIdx 的唯一索引。

(2)使用 ALTER TABLE 语句在 w_name 字段上建立名称为 NameIdx 的普通索引。

(3)使用 CREATE INDEX 语句在 w_address 和 w_age 字段上建立名称为 MultiIdx 的组合索引。

(4)使用 CREATE INDEX 语句在 w_note 字段上建立名称为 FTIdx 的全文索引。

(5)删除名称为 FTIdx 的全文索引。

第15章 视 图

视图是从一个或多个表中导出来的表,是一种虚拟存在的表。视图就像一个窗口,通过这个窗口可以看到系统为特定用户专门提供的数据。

学习目标:

- 理解视图的概念;
- 了解视图的优点;
- 理解视图的分类及通过视图进行数据操作的基本条件;
- 掌握视图的创建、修改和删除方法;
- 掌握利用视图进行数据的基本操作。

15.1 视图的作用

视图是一种虚拟存在的表,对使用视图的用户来说基本上是透明的。视图并不在数据库中实际存在,行和列数据来自定义视图的查询中使用的表,并且是在使用视图时动态生成的。视图是查询结果的关系,是被存储的查询定义,视图的属性名由子查询确定,是从一个或者多个表或视图中导出的表,其结构和数据是建立在对表的查询基础上的。虽然视图本身并不存储数据,但它可以表示来自不同来源的数据,对应用程序来说,视图就相当一个表,数据可以从视图中查得,而且在权限许可的情况下,还可以通过视图来插入、更改和删除基本表中的数据。一个新视图也可以通过对已有的视图的查询来定义。

使用视图的优点和作用主要有:

①个性化:视图可以让不同的用户以不同的方式看到不同或者相同的数据集。视图可以使用户只关心他感兴趣的某些特定数据和他们所负责的特定任务,而那些不需要的或者无用的数据则不在视图中显示。

②简单:视图大大地简化了用户对数据的操作,使用视图的用户完全不需要关心后面对应的表的结构、关联条件和筛选条件,对用户来说已经是过滤好的复合条件的结果集。

③数据独立:一旦视图的结构确定了,可以屏蔽表结构变化对用户的影响,源表增加列对视图没有影响;源表修改列名,则可以通过修改视图来解决,不会造成对访问者的影响。

④方便设计:在某些情况下,由于表中数据量太大,因此设计表时常将表进行水平或者垂直分割,但表的结构的变化对应用程序产生不良的影响。而使用视图可以重新组织数据,从而使外模式保持不变,原有的应用程序仍可以通过视图来重载数据。

⑤安全:视图作为授权的单位提高了系统的安全性,使用视图的用户只能访问他们被允许查询的结果集,对表的权限管理并不能限制到某个行某个列,但是通过视图就可以简单地实现。

15.2　创建视图

创建视图是指基于已存在的数据库表或视图来建立视图。视图可以建立在一张表或视图上,也可以建立在多张表或视图上。

MySQL 中,创建视图是通过 SQL 语句"CREATE VIEW"实现的。其语法形式如下:

```
CREATE[OR REPLACE][ALGORITHM = {UNDEFINED |MERGE |TEMPTABLE}]
VIEW view_name[(column_list)]
AS select_statement
[WITH[CASCADED |LOCAL] CHECK OPTION]
```

其中,ALGORITHM 是算法属性,用于指定以后通过该视图进行数据库查询(在这里称为输入查询)时的算法机制,MySQL 提供了以下 3 种算法:

(1)MERGE 算法

MySQL 首先将输入查询与定义视图的 SELECT 语句组合成单个查询。然后 MySQL 执行组合查询返回结果集。如果视图定义语句中的 SELECT 语句包含集合函数(如 MIN,MAX, SUM, COUNT, AVG 等)或 DISTINCT,GROUP BY, HAVING, LIMIT, UNION, UNION ALL 子查询,则不允许使用 MERGE 算法。如果 SELECT 语句无引用表,则也不允许使用 MERGE 算法。

(2)TEMPTABLE 算法

MySQL 首先根据定义视图的 SELECT 语句创建一个临时表,然后针对该临时表执行输入查询。因为 MySQL 必须创建临时表来存储结果集并将数据从基表移动到临时表,所以 TEMPTABLE 算法的效率比 MERGE 算法效率低。另外,使用 TEMPTABLE 算法的视图是不可更新的,也就是不能通过视图进行基表的数据插入、更新与删除操作。

(3)UNDEFINED 算法

UNDEFINED 为默认算法,当您创建视图而不指定显式算法或未指定算法时,MySQL 自动采用的算法。UNDEFINED 算法使 MySQL 可以根据情况选择使用 MERGE 或 TEMPTABLE 算法。MySQL 优先使用 MERGE 算法进行 TEMPTABLE 算法,因为 MERGE 算法效率更高。

其中,WITH CHECK OPTION 是视图的检查选项,用于确定对可更新视图进行数据更新时的检查约束机制,也就是检查更新后的数据是否会违反视图定义的 SELECT 语句的 WHERE 条件。如果该视图是基于另一个视图定义,LOCAL 和 CASCADED 关键字还决定了检查测试的范围。LOCAL 关键字对 CHECK OPTION 范围进行了限制,使其仅作用在定义的视图上,否则,将默认采用 CASCADED 关键字,这将会使检查范围作用于该视图所基于的所有视图定义的 SELECT 语句,这样可以确保数据修改后,仍可通过视图看到修改的数据。

视图定义服从下述限制:

①SELECT 语句不能包含 FROM 子句中的子查询。

②SELECT 语句不能引用系统或用户变量。

③SELECT 语句不能引用预处理语句参数。

④在存储子程序内,定义不能引用子程序参数或局部变量。

⑤在定义中引用的表或视图必须存在。但是,创建了视图后,能够舍弃定义引用的表或视图。要想检查视图定义是否存在这类问题,可使用 CHECK TABLE 语句。

⑥在定义中不能引用 TEMPORARY 表,不能创建 TEMPORARY 视图。

⑦在视图定义中命名的表必须已存在。

⑧不能将触发程序与视图关联在一起。

⑨不能为视图创建索引。

【例 15.1】 创建一个名为 v_student_male 的视图,用于显示所有的男生。

```
mysql> CREATE VIEW v_students_male
   -> AS
   -> SELECT *  FROM students WHERE sex='男';
Query OK,0 rows affected (0.08 sec)
```

【例 15.2】 基于视图 v_student_male 及 score 表创建一个视图 v_students_male_report,用于显示课程成绩达到 80 分的男生成绩信息,视图显示 s_no,s_name, sex,c_no, report 字段。

```
mysql> CREATE VIEW v_students_male_report(s_no,s_name,sex,c_no,report)
   -> AS
   -> SELECT v_students_male. s_no,s_name,sex,c_no,report
   -> FROM v_students_male INNER JOIN score
   -> ON v_students_male.s_no=score.s_no
   -> WHERE report>=80;
Query OK,0 rows affected (0.08 sec)
```

【例 15.3】　创建一个视图 v_student_maxreport,用于显示每个学生的最好成绩,视图显示 s_no,s_name,maxreport 字段。

```
mysql> CREATE VIEW v_student_maxreport(s_no,s_name,maxreport)
   -> AS
   -> SELECT students.s_no,s_name,MAX(report) FROM students
   -> INNER JOIN score ON students.s_no=score.s_no
   -> GROUP BY students.s_no,s_name;
Query OK,0 rows affected (0.08 sec)
```

【例 15.4】　创建一个视图 v_student_maxreport_course,用于显示每个学生的最好成绩课程,视图显示 s_no,s_name,c_no,c_name,maxreport 字段。

```
mysql> CREATE OR REPLACE VIEW v_student_maxreport_course(s_no,s_name,c_no,c_name,
maxreport)
   -> AS
   -> SELECT s.s_no,s_name,score.c_no,c_name,maxreport FROM v_student_maxreports
   -> INNER JOIN score ON s.s_no=score.s_no and s.maxreport=score.report
   -> INNER JOIN course ON score.c_no=course.c_no;
Query OK,0 rows affected (0.17 sec)
```

15.3　查看视图

(1)**查看已有视图**

从 MySQL 5.1 版本开始,使用 SHOW TABLES 命令时不仅显示表的名字,同时也会显示视图的名字,而不存在单独显示视图的 SHOW VIEWS 命令。

【例 15.5】　查看所有的已存在的表及视图。

```
mysql> SHOW TABLES;
```

(2)**查看视图的状态信息**

同样,在使用 SHOW TABLE STATUS 命令时,不但可以显示表的信息,同时也可以显示视图的信息。所以,可以通过下面的命令显示视图的信息。

```
SHOW TABLE STATUS[FROM db_name][LIKE 'pattern']
```

【例 15.6】　查看视图 v_students_male 的状态信息。

```
mysql> SHOW TABLE STATUS LIKE 'v_students_male'\G;
```

（3）**通过系统表查看视图的相关信息**

通过查看系统表 INFORMATION_SCHEMA. VIEWS,也可以查看视图的相关信息。

【例15.7】 通过系统表 INFORMATION_SCHEMA. VIEWS,查看视图 v_student_male 的相关信息。

```
mysql> SELECT *  FROM information_schema.views WHERE table_name='v_students_male'\G;
```

（4）**查看视图结构**

通过查看表结构的命令 DESC,可以查看视图的字段结构。

【例15.8】 用 DESC 命令,查看视图 v_student_male 的字段结构。

```
mysql> DESC v_students_male;
```

（5）**查看视图定义**

通过 SHOW CREATE VIEW 可以查看视图的定义语句。

【例15.9】 用 SHOW CREATE VIEW 命令,查看视图 v_student_male 的定义语句。

```
mysql> SHOW CREATE VIEW v_students_male \G;
```

15.4 修改视图

修改视图是指修改数据库中已存在的表的定义。当基本表的某些字段发生改变时,可以通过修改视图来保持视图和基本表之间一致,当视图的查询条件发生变化时,也可以通过修改视图的定义来实现。MySQL 中通过"CREATE OR REPLACE VIEW"语句和"ALTER"语句来修改视图,语句用法基本类似。

在 MySQL 中,"ALTER"语句可以修改表的定义,可以创建索引。不仅如此,"ALTER"语句还可以用来修改视图。"ALTER"语句修改视图的语法格式如下:

```
ALTER[ALGORITHM = {UNDEFINED |MERGE |TEMPTABLE}]
VIEW view_name[(column_list)]
AS select_statement
[WITH[CASCADED |LOCAL] CHECK OPTION];
```

【例15.10】 修改视图 v_student_male_grade 的定义语句,使其用于查看成绩达到70分的男生信息。

```
mysql> ALTER VIEW v_students_male_grade(s_no,s_name,sex,c_no,report)
  -> AS
  -> SELECT v_students_male.s_no,s_name,sex,c_no,report
```

```
   -> FROM v_students_male INNER JOIN score
   -> ON v_students_male.s_no=score.s_no
   -> WHERE report>=70;
Query OK,0 rows affected (0.09 sec)
```

15.5　视图的 DML 操作

创建视图的主要目的是方便不同用户根据需要更加方便的查询数据,所以使用视图基本上就是通过视图进行数据的查询,与从一个基本表来进行数据查询操作的方法基本一致。

【例 15.11】　通过视图 v_student_maxgrade_course,查询成绩最差的 3 个人或 3 条成绩记录,也就是最高成绩排名在后 3 位的。

```
mysql> SELECT *  FROM v_student_maxgrade_course ORDER BY maxreport LIMIT 3;
```

除了通过视图进行数据进一步查询之外,也经常通过视图进行数据的插入、更新与删除操作,因为视图本身没有数据,其数据都来源于基本表,所有对视图的数据更改都最终是对基本表的更改。我们在这里将对视图的数据插入、更新与删除操作统称为更新视图。因为视图是一个虚拟表,其中没有数据,通过视图更新时,都是转换到基本表来更新的,只能更新权限范围内的数据,超出了范围,就不能更新。

若一个视图依赖于一个基本表,则可以直接通过更新视图来更新基本表的数据。若一个视图依赖于多个基本表,则一次更新只能修改一个基本表的数据,不能同时修改多个基本表的数据。视图包含下述结构中的任一种,那它不可更新,属于不可更新视图:

①聚合函数(AVG, COUNT, SUM, MIN, MAX);

②DISTINCT 关键字;

③GROUP BY 子句;

④ORDER BY 子句;

⑤HAVING 子句;

⑥UNION 运算符;

⑦位于选择列表中的子查询;

⑧FROM 子句中包含多个表;

⑨SELECT 语句中引用了不可更新的视图;

⑩WHERE 子句中的子查询,引用了 FROM 子句中的表;

⑪ALGORITHM 选项指定为 TEMPTABLE(使用临时表总会使视图成为不可更新的)。

【例 15.12】　通过视图 v_students_male,插入一行记录('169003309','王芳','女','1999-09-09','D002','解放碑','1999999999',null)。

```
mysql> INSERT INTO v_students_male
   -> VALUES('169003309','王芳','女','1999-09-09','D002','解放碑',
'1999999999',null);
```

【例 15.13】 修改视图 v_students_male 的定义,为其加上 WITH CHECK OPTION 选项。再插入一行记录('169002201','杜颖','女','2001-09-25','D002','沙坪坝','1998888888',null)。

```
mysql> ALTER VIEW v_students_male
   -> AS
   -> SELECT *  FROM students WHERE sex='男'
   -> WITH CHECK OPTION;

mysql> INSERT INTO v_students_male
   -> VALUES('169002201','杜颖','女','2001-09-25','D002','沙坪坝',
'1998888888',null);
```

语句之所以报错不能成功,主要是因为性别'女'违反了视图的 CHECK OPTION 约束。

【例 15.14】 通过视图 v_student_maxgrade,将学号为'00001'的学生姓名修改为'许三多'。

```
mysql> update v_student_maxgrade set s_name='许三多'
   -> WHERE s_no='00001';
ERROR 1288(HY000): The target table v_student_maxgrade of the UPDATE is not updatable
```

语句之所以报错不能成功,主要是 v_student_ maxreport 视图语句中包含的 GROUP BY 子句,属于不可更新视图。

【例 15.15】 通过视图 v_student_male_report,将学号为'200515011'、课程号为'8'的记录中,学生姓名修改为'张丰毅',成绩在原基础上加 10 分。

```
mysql> UPDATE v_students_male_report SET s_name='张丰毅',
report=report+10
   -> WHERE sno='200515011' AND cno='8';
ERROR 1393(HY000): Can not modify more than one base table through a join view 'jxgl.v_
students_male_report'
```

语句之所以报错不能成功,主要是在 v_student_male_report 视图中同时更新了两个字段的值,并且这两个字段分别来源于不同的基本表。试着用两条语句分别更新数据,看效果如何。

15.6　删除视图

对于不再需要的视图可以使用语句删除,删除后,视图的定义从系统中消失,但是不影响数据库中基表的数据。MySQL 中,使用"DROP VIEW"语句来删除视图。但是,用户必须要拥有"DROP VIEW"权限。

对需要删除的视图,使用"DROP VIEW"语句进行删除,基本形式如下:

```
DROP VIEW 视图名列表[RESTRICT |CASCADE];
```

【例 15.16】　删除视图 v_student_maxreport_course,命令代码如下:

```
mysql> DROP VIEW v_student_maxreport_course;
Query OK,0 rows affected (0.00 sec)
```

本章小结

本章介绍了 MySQL 数据库视图的含义和作用,并且讲解了创建视图、修改视图和删除视图的方法。创建视图和修改视图是本章的重点,这两部分的内容比较复杂,希望读者能够认真学习这两部分的内容,并且需要在计算机上实际操作。读者在创建视图和修改视图后,一定要查看视图的结构,以确保创建和修改的操作正确。更新视图是本章的一个难点。因为实际中存在一些可造成视图不能更新的因素。本章中介绍了一些造成视图不能更新的情况,希望读者在练习中认真分析、认真总结。

课后习题

1. 请解释视图与表的区别。
2. 简述使用视图的意义和优点。

第 16 章　存储过程

SQL 语句需要先编译然后执行,而存储过程(Stored Procedure)则是一组为了完成特定功能的 SQL 语句集,这些语句集先经过编译存储在数据库中后,用户就可以通过指定存储过程(如果该存储过程带有参数则给定参数)来调用执行它。

学习目标:

- 理解存储过程的概念;
- 了解使用存储过程的优点;
- 掌握 MySQL 编程的基本语法;
- 掌握存储过程的创建、修改和删除方法;
- 掌握存储过程的调用方法。

16.1　存储过程的作用

在 MySQL 中,存储过程是一个可编程的函数,它在数据库中创建并保存。它可以有 SQL 语句(如"CREATE""UPDATE"和"SELECT"等语句)和一些特殊的控制结构(如"IF-THEN-ELSE"语句)组成。当希望在不同的应用程序或平台上执行相同的函数,或者封装特定功能时,存储过程是非常有用的。数据库中的存储过程可以看成对编程中面向对象方法的模拟。它允许控制数据的访问方式。存储过程可以由程序、触发器或者另一个存储过程来调用,从而激活它,实现代码段中的 SQL 语句。

使用存储过程通常有以下优点:

①存储过程能实现较快的执行速度。

②存储过程允许标准组件式编程,即模块化程序设计。存储过程被创建后,可以在程序中被多次调用,而不必重新编写该存储过程的 SQL 语句。

③存储过程可以用流控制语句编写,有很强的灵活性,可以完成复杂的判断和较复杂的运算。

④存储过程可以被作为一种安全机制来充分利用。系统管理员通过执行某一存储过程的权限进行限制,能够实现对相应数据的访问权限限制,避免了非授权用户对数据的访问,保证了数据的安全。

⑤存储过程能减少网络流量。针对同一个数据库对象的操作(如查询、修改等),如果这一操作所涉及的 SQL 语句被组织成存储过程,那么当在客户计算机上调用该存储过程时,网络中传送的只是该调用语句,从而大大增加了网络流量并降低了网络负载。

16.2　语句结束标志

在开始创建存储过程之前,先介绍一个很实用的命令,即"DELIMITER"命令。在 MySQL 中,服务器处理语句时默认是以分号为结束标志的,但是在创建存储过程时,存储过程体中可能包含多个 SQL 语句,每个 SQL 语句都是以分号结尾的,这时服务器处理程序时到第一个分号就会认为程序结束,这肯定是不行的。所以在这里使用"DELIMITER"命令将 MySQL 语句的结束标志修改为其他的符号。

"DELIMTER"语法格式如下:

```
DELIMITER $$
```

说明:"$$"是用户在这里定义的结束符,通常这个符号可以是一些特殊的符号,如果两个"#",或两个"¥"等。当使用"DELIMITER"命令时,应避免使用反斜杠"\"字符,因为它是 MySQL 的转义字符。

【例 16.1】　将 MySQL 结束符修改为两个"#"符号,并检验结果后恢复设置。

```
DELIMITER ##
SELECT *  FROM students WHERE sdept='中文系'##
DELIMITER;
```

16.3　创建存储过程

在 MySQL 中,要进行相关操作,必须先确认用户是否具有相应的权限。创建存储过程需要 CREATE ROUTINE 权限,修改或者删除存储过程需要 ALTER ROUTINE 权限,执行存储过程则需要 EXECUTE 权限。

在 MySQL 中,创建存储过程的基本语法格式如下:

```
CREATE PROCEDURE sp_name([proc_parameter[,…]])
[characteristic…]
routine_body
```

其中:

①sp_name 参数是存储过程的名称,默认在当前数据库中创建,需要在特定数据库中创建存储过程时,则要在名称前面加上数据库的名称,格式为"db_name. sp_name"。值得注意的是,这个名称应当尽量避免取与 MySQL 的内置函数相同的名称,否则会发生错误。

②proc_parameter 表示存储过程的参数,存储过程可以没有参数,但用于描述参数的括号不能省略。"proc_parameter"中的每个参数由 3 部分组成。这 3 部分分别是输入输出类型、参数名称类型和参数数据类型。其基本格式如下:

```
[IN | OUT | INOUT]param_name type
```

其中,"IN"表示输入参数,使数据可以传递给一个存储过程;"OUT"表示输出参数,当需要返回一个答案或结果时,存储过程使用输出参数;"INOUT"表示既可以是输入,也可以是输出。当有多个参数时中间用逗号隔开,参数的名字不要等于列的名字,否则虽然不会返回出错的消息,但是存储过程中的 SQL 语句会将参数名看成列名,从而引发不可预知的结果。数据类型可以是 MySQL 数据库的任意数据类型。

③"characteristic"参数指定存储过程的特性。

"characteristic"的特征如下:

```
LANGUAGE SQL
| [NOT]DETERMINISTIC
| {CONTAINS SQL | NO SQL | READS SQL DATA | MODIFIES SQL DATA}
| SQL SECURITY{DEFINER | INVOKER}
| COMMENT 'string'
```

- LANGUAGE SQL:表明编写这个存储过程的语言为 SQL 语言,目前来讲,MySQL 存储过程还不能用外部编程语言来编写,也就是说,这个选项可以不指定。将来会对其扩展,最有可能第一个被支持的语言是 PHP。
- [NOT] DETERMINISTIC:指明存储过程的执行结果是否为确定的。设置为"DETERMINISTIC"表示结果是确定的,即存储过程对同样的输入参数产生相同的结果。设置为"NOT DETERMINISTIC"则表示结果是不确定的,即相同的输入可能得到不同的输出。默认为"NOT DETERMINISTIC"。
- {CONTAINS SQL| NO SQL| READS SQL DATA| MODIFIES SQL DATA}:指明子程序使用 SQL 语句的限制。"CONTAINS SQL"表示存储过程包含 SQL 语句。"NO SQL"表示存储过程不包含 SQL 语句。"READS SQL DATA"表示存储过程包含读数据的语

句,但不包含写数据的语句。"MODIFIES SQL DATA"表示存储过程包含写数据的语句。如果这些特征没有明确给定,默认的是"CONTAINS SQL"。

- "SQL SECURITY｛DEFINER｜INVOKER｝":指明谁有权限来执行。"SQL SECURITY" 特征可以用来指定存储过程使用创建该存储过程的用户(DEFINER)的许可来执行, 还是使用调用者(INVOKER)的许可来执行。默认的是"DEFINER"。
- COMMENT 'string':注释信息,对存储过程的描述,"string"为描述的内容。这个信息 可以用"SHOW CREATE PROCEDURE"语句来显示。

注意:创建存储过程时,系统默认指定"CONTAINS SQL",表示存储过程中使用了 SQL 语句。但是,如果存储过程中没有使用 SQL 语句,最好设置为"NO SQL"。而且,存储过程中 最好在"COMMENT"部分对存储过程进行简单的注释,以便以后在阅读存储过程的代码时 更加方便。

④"routine_body"参数是存储过程体,里面包含了在调用存储过程时必须执行的语句, 这些语句总是以 BEGIN 开始,以 END 结束。如果存储过程体只有一条 SQL 语句时,可以省 略 BEGIN-END 标志。

【例 16.2】　创建一个存储过程 DELETE_STU,实现通过一个指定的学号删除一个特定 的学生信息。

```
mysql> DELIMITER $$
mysql> CREATE PROCEDURE DELETE_STU(IN XH INT)
  -> BEGIN
  -> DELETE FROM students WHERE s_no=XH;
  -> END $$
Query OK,0 rows affected (0.00 sec)

mysql> DELIMITER ;
```

说明:当调用这个存储过程时,MySQL 根据提供的参数"XH"的值,删除 XSCJ 表中的数 据。在关键字"BEGIN"和"END"之间指定了存储过程体,当然,"BEGIN-END"复合语句还 可以嵌套使用。

【例 16.3】　下创建一个名为"num_from_student"的存储过程,实现输入一个日期,输出 一个出生日期为这一天的学生的人数。

```
mysql> DELIMITER $$
mysql> CREATE PROCEDURE num_from_student(IN _birth DATE,OUT count_num INT)
  -> READS SQL DATA
  -> BEGIN
  -> SELECT COUNT(1) INTO count_num
  -> FROM student
  -> WHERE sbirthday=_birth;
```

```
    ->  END $$
Query OK,0 rows affected (0.00 sec)

mysql> DELIMITER;
```

说明：上述代码中，存储过程名称为"num_from_student"；输入变量为"_birth"；输出变量为"count_num"。"SELECT"语句从 student 表查询"sbirthday"值等于"_birth"的记录，并用COUNT(*)计算出满足条件的记录总数，最后将计算结果存入"count_num"中。

16.4 调用存储过程

存储过程是存储在服务器端的 SQL 语句的集合。要使用这些已经定义好的存储过程必须用要通过调用的方式来实现。MySQL 中使用"CALL"语句来调用存储过程。调用存储过程后，数据库系统将执行存储过程中的语句。然后将结果返回给输出值。"CALL"语句的基本语法格式如下：

```
CALL sp_name([parameter[,…]]);
```

其中，"sp_name"为存储过程的名称，如果要调用某个特定数据库的存储过程，则需要在前面加上该数据库的名称。"parameter"为调用该存储过程使用的实际参数，这条语句中的参数必须等于创建存储过程的形式参数的个数。

【例 16.4】　调用存储过程 num_from_student，返回出生日期为"1992-03-04"的学生的人数。调用该存储过程的语法格式如下：

```
mysql> CALL num_from_student('1992-03-04',@num);

mysql> SELECT @num;
```

16.5 存储过程体中的过程式编程

在存储过程体中可以使用所有的 SQL 语句类型，包括所有的"DLL""DCL"和"DML"语句。当然，过程式语句也是允许的，包括变量的声明与使用、条件分支语句、循环语句，也包括事务的提交与回滚、异常的处理，调用其他的存储过程等。

（1）**用户变量**

MySQL 可以先在用户变量中保存值然后在以后引用它，这样可以将值从一个语句传递到另一个语句。用户变量是回话级变量，与连接有关，一个客户端定义的变量不能被其他客户端看到或使用，当客户端退出时，该客户端连接的所有变量将自动释放。用户变量的形式为@ var_name，其中变量名 var_name 对大小写不敏感。设置用户变量的语法格式如下：

```
SET @var_name = expr[, @var_name = expr] …
```

SET 语句可以同时设置多个用户变量，不需要指定数据类型，可以使用"＝"或"：＝"作为赋值符号。赋值给每个变量的表达式 expr 可以为整数、实数、字符串或者 NULL 值，也可以用语句代替 SET 来为用户变量分配一个值。在这种情况下，赋值符号必须为"：＝"而不能用"＝"，因为在非 SET 语句中"＝"被视为一个比较操作符，如下所示：

```
mysql> SET @t1 =0, @t2 =0, @t3 =0;
Query OK,0 rows affected (0.00 sec)
mysql> SELECT @t1: =(@t2: =1)+@t3: =4,@t1,@t2,@t3;
+---------------------------+------+------+------+
|@t1: =(@t2: =1)+@t3: =4    |@t1   |@t2   |@t3   |
+---------------------------+------+------+------+
|5                          |5     |1     |4     |
+---------------------------+------+------+------+
1 row in set (0.00 sec)
```

（2）**定义局部变量**

在存储程序式中可以声明局部变量，它们可以用来存储临时结果。要声明局部变量必须使用"DECLARE"语句。在声明局部变量的同时也可对其赋一个初始值。定义局部变量的基本语法如下：

```
DECLARE var_name[,…]type[DEFAULT value]
```

其中，"DECLARE"关键字是用来声明局部变量的；"var_name"参数局部变量名称，这里可以同时定义多个数据类型一致的局部变量；"type"参数为变量类型；"DEFAULT value"子句给变量一个默认值为"value"，如果不指定默认为"NULL"。

【例 16.5】　声明一个整型变量"my_sql"，默认值为 10，同时声明两个字符变量 str1 和 str2，不指定默认值。

```
DECLARE my_sql int DEFAULT=10;
DECLARE str1,str2 varchar(6);
```

说明：局部变量只能在"BEGIN-END"语句块中声明。局部变量必须在存储过程的开始就声明，声明完后，可以在声明它的"BEGIN-END"语句块中使用该局部变量，其他语句块中不可以使用。

（3）**为局部变量赋值**

要给局部变量赋值可以使用"SET"语句，"SET"语句的语法格式如下：

```
SET var_name = expr[,var_name = expr]...
```

其中，"SET"关键字是用来为变量赋值的；"var_name"参数是变量的名称；"expr"参数是赋值表达式。一个"SET"语句可以同时为多个变量赋值，各个变量的赋值语句之间用逗号隔开。

【**例** 16.6】 在存储过程中给局部变量赋值。

```
SET my_sql=1,str1='hello';
```

MySQL 中还可以使用"SELECT…INTO"语句为局部变量赋值。使用这个"SELECT…INTO"语法可以把选定的列值直接存储到局部变量中。因此，返回的结果只能有一行。其基本语法如下：

```
SELECT col_name[,...]INTO var_name[,...] FROM table_name
WHERE condition
```

其中，"col_name"参数表示查询的字段名称，"var_name"表示要赋值的变量名。"table_name"参数表示表的名称，"condition"参数表示查询条件。

【**例** 16.7】 在存储过程体中将 students 表中的学号为"122010"的学生姓名和系部编号的值分别赋给变量"name"和"dept"。

```
SELECT s_name, d_no INTO name,dept FROM students
WHERE s_no='122010';
```

注意：该语句只能在存储过程体中使用。变量"name"和"dept"需要在使用之前声明。通过该语句赋值的变量可以在语句块的其他语句中使用。

（4）**流程控制语句**

存储过程中可以使用流程控制来控制语句的执行。在 MySQL 中，常见的过程式 SQL 语句可以用在一个存储过程中。例如，"IF"语句、"CASE"语句、"LOOP"语句、"WHILE"语句、"ITERATE"语句和"LEAVE"语句。

1）**"IF"语句**

"IF"语句用来进行条件判断，根据是否满足条件，将执行不同的语句。其基本语法格式如下：

```
IF search_condition THEN statement_list
[ELSEIF search_condition THEN statement_list]...
[ELSE statement_list]
END IF
```

其中，"search_condition"是判断的条件，"statement_list"中包含一个或多个 SQL 语句，表示

不同条件的执行语句。当"search_condition"的条件为真时,就执行相应的 SQL 语句。"IF"语句不同于系统的内置函数"IF( )"函数,"IF( )"函数只能是判断两种情况,所以不要混淆。

【例16.8】　创建 test. compar 数据库的存储过程,判断两个输入参数 K1 和 K2 的大小。

```
mysql> DELIMITER $$
mysql> CREATE PROCEDURE test. compar (IN K1 int,IN K2 int,OUT K3 char(6))
   ->    BEGIN
   ->    IF K1>K2 THEN
   ->     SET K3 ='K1 大于 K2';
   ->    ELSEIF K1 = K2 THEN
   ->     SET K3 ='K1 等于 K2';
   ->    ELSE
   ->     SET K3 ='K1 小于 K2';
   ->    END IF;
   ->    END $$
Query OK,0 rows affected (0.04 sec)

mysql> DELIMITER;
```

其中,存储过程中"K1"和"K2"是输入参数,"K3"是输出参数。

2)"CASE"语句

"CASE"语句也用来进行条件判断,可以实现比"IF"语句更复杂的条件判断。其基本语法格式如下:

```
CASE case_value
  WHEN when_value THEN statement_list
  [WHEN when_value THEN statement_list]...
  [ELSE statement_list]
END CASE
```

或者

```
CASE
  WHEN search_condition THEN statement_list
  [WHEN search_condition THEN statement_list]...
  [ELSE statement_list]
END CASE
```

说明:一个"CASE"语句经常可以充当一个"IF-THEN-ELSE"语句。

第一种格式中"case_value"是要被判断的值或表达式,即条件判断的变量,接下来是一系列的"WHEN-THEN"块,每块的"when_value"参数指定要与"case_value"比较的值,如果为真,就执行"statement_list"中的 SQL 语句。如果前面的每一块都不匹配就会执行"ELSE"块指定的语句。"CASE"语句最后以"END CASE"结束。

第二种格式中"CASE"关键字后面没有参数,在"WHEN-THEN"块中,"search_condition"指定了一个比较表达式,表达式为真时执行"THEN"后面的语句。与第一种格式相比,这种格式能够实现更为复杂的条件判断,使用起来更方便。

【例 16.9】 创建一个存储过程,针对不同的参数,返回不同的结果。

```
DELIMITER $$
CREATE PROCEDURE RESULT (IN str char(4),OUT sex char(4))
BEGIN
  CASE str
    WHEN 'M' THEN SET sex='男';
    WHEN 'F' THEN SET sex='女';
    ELSE SET sex='无';
  END CASE;
END $$
DELIMITER;
```

【例 16.10】 创建一个存储过程,有两个输入参数:XH(学号)和 KCH(课程号),如果查询出的成绩大于 60 分时,将该课程的学分累加计入该学生的总学分,否则,总学分不变。

```
DELIMITER $$
CREATE PROCEDURE DO_UPDATE(IN XH char(6),IN KCH char(4))
BEGIN
  DECLARE xf tinyint;
  DECLARE cj float;
  SELECT credit INTO xf FROM course WHERE c_no=KCH;
  SELECT report INTO cj FROM score WHERE s_no=XH AND c_no=KCH;
  CASE
    WHEN cj<60 THEN
      UPDATE credit SET credit=credit+0 WHERE s_no=XH;
    ELSE
      UPDATE credit SET credit=credit+xf WHERE s_no=XH;
  END CASE;
END $$
DELIMITER;
```

3）循环语句

MySQL 支持 3 种用来创建循环的语句："WHILE"语句、"REPEAT"语句和"LOOP"语句。

①"WHILE"语句：有条件控制的循环语句，当满足某种条件时，执行循环体内的语句。其基本语法格式如下：

```
[begin_lable: ] WHILE search_condition DO
    statement_list
END WHILE[end_lable]
```

其中，语句首先判断"search_condition"是否为真，为真则执行"statement_list"中的语句，然后再次进行判断，为真则继续循环，不为真则结束循环。"begin_lable"和"end_lable"是"WHILE"语句的标注。除非"begin_lable"存在，否则"end_lable"不能被给出，如果两者都出现，它们的名字必须是相同的。

【例 16.11】　创建一个带"WHILE"循环的存储过程 dowhile。

```
DELIMITER $$
CREATE PROCEDURE dowhile()
BEGIN
    DECLARE v1 int DEFAULT 5;
    WHILE v1>0 DO
        SET v1= v1-1;
    END WHILE;
END $$
DELIMITER;
```

说明：当调用这个存储过程时，首先判断"v1"的值是否大于零，如果大于零则执行"v1-1"，否则结束循环。

②"REPEAT"语句：有条件控制的循环语句，当满足特定条件时，就会跳出循环语句。其基本语法格式如下：

```
[begin_lable: ]REPEAT
    statement_list
UNTIL search_condition
END REPEAT[end_lable]
```

其中，"statement_list"参数表示循环的执行语句；"search_condition"参数表示结束循环的条件，满足条件时循环结束。"REPEAT"语句首先执行"statement_list"中的语句，然后判断"search_condition"是否为真，为真则停止循环，不为真则继续循环。"REPEAT"也可以被标注。"REPEAT"语句和"WHILE"语句的区别在于："REPEAT"语句先执行语句，后进行判断；而"WHILE"语句先判断，条件为真时才执行语句。

【例 16.12】 用"REPEAT"语句创建一个如例 16.11 的存储过程。程序片段如下：

```
REPEAT
  v1 = v1-1;
  UNTIL v1<1;
END REPEAT
```

③"LOOP"语句：可以使某些语句重复执行，实现一个简单的循环。但是"LOOP"语句本身没有停止循环的语句，必须是遇到"LEAVE"语句等才能停止循环。其基本语法格式如下：

```
[begin_lable: ]LOOP
  statement_list
END LOOP[end_lable]
```

其中，"begin_lable"参数和"end_lable"参数分别表示循环开始和结束的标志，这两个标志必须相同，而且都可以省略；"statement_list"参数表示需要循环执行的语句。"LOOP"语句允许某特定语句或语句群重复执行，实现一个简单的循环结构。在循环内的语句一直重复直到循环被退出，退出时通常伴随着一个"LEAVE"语句。

【例 16.13】 下面是一个"LOOP"语句的实例。程序片段如下：

```
add_num: LOOP
  SET @count=@count+1;
END LOOP add_num;
```

该实例循环执行"count+1"的操作。因为没有跳出循环的语句，这个循环成了一个死循环。"LOOP"循环都以"END LOOP"语句结束。

④"LEAVE"语句：主要用于跳出循环控制，经常和"BEGIN...END"或循环一起使用。其基本语法结构如下：

```
LEAVE lable
```

其中，"lable"是语句中标注的名字，这个名字是自定义的。加上"LEAVE"关键字就可以用来退出被标注的循环语句。

【例 16.14】 创建一个带"LOOP"语句的存储过程。

```
DELIMITER $$
CREATE PROCEDURE doloop( )
BEGIN
  SET @a=10
  lable: LOOP
    SET @a=@a-1;
    IF @a<0 THEN
      LEAVE lable;
```

```
      END IF;
    END LOOP lable;
  END $$
  DELIMITER;
```

说明：语句中，首先定义了一个用户变量并赋值为 10，接着进入"LOOP"循环，标注为"lable"，执行减"1"语句，然后判断用户变量"a"是否小于零，是则使用"LEAVE"语句跳出循环。

⑤"ITERATE"语句：用来跳出循环的语句。但是，"ITERATE"语句是跳出本次循环，然后直接进入下一次循环。其基本语法格式如下：

```
ITERATE lable
```

其中，"lable"参数是循环的标志。

【例 16.15】　下面是一个"ITERATE"语句的示例。执行代码如下：

```
add_num: LOOP
SET @count=@count+1;
  IF @count=100 THEN
    LEAVE add_num;
ELSE IF MOD(@count,3)=0 THEN
    ITERATE add_num;
  SELECT *  FROM student;
END LOOP add_num;
```

该示例循环执行"count+1"的操作，"count"值为 100 的结束循环。如果"count"的值能够整除 3，则跳出本次循环，不再执行下面的"SELECT"语句。

说明："ITERATE"语句与"LEAVE"语句差不多，都是用来跳出循环，但两者的功能是不一样的。"LEAVE"语句是跳出整个循环，然后执行循环后面的程序。而"ITERATE"语句是跳出本次循环，然后进行下一次循环。

(5)异常和异常处理方法

在存储过程中处理 SQL 语句可能会导致一条错误消息。例如，向一个表中插入新的行而主键值已经存在，这条"INSERT"语句会导致一个出错消息，并且 MySQL 立即停止对存储过程的处理。每一个错误的消息都有一个唯一的代码和一个 SQLSTATE 代码。例如，"SQLSTATE 23000"属于如下的出错代码：

```
Error 1022, "Can't write;duplicate key in table"
Error 1048, "Column cannot be null"
Error 1052, "Column is ambiguous"
Error 1062, "Duplicate entry for key"
```

为了防止 MySQL 在一条错误消息产生时就停止处理,需要使用定义错误条件(异常)和异常处理程序。定义异常和处理程序就是事先定义程序执行过程中可能遇到的问题,并且可以在处理程序中定义解决这些问题的办法。这种方法可以提前预测可能出现的问题,并提出解决办法。这样可以增强程序处理问题的能力,避免程序异常停止。在 MySQL 中是通过"DECLARE"关键字来定义异常和处理程序的。

1)定义错误条件名(异常名)

MySQL 中可以使用"DECLARE"关键字来定义条件。其基本语法格式如下:

```
DECLARE condition_name CONDITION FOR condition_type
```

其中,condition_type:

```
SQLSTATE[VALUE] sqlstate_value | mysql_error_code
```

其中,"condition_name"参数表示自定义的异常名称;"condition_type"参数表示 MySQL 的错误类别,可以采用"sqlstate_value"或者"mysql_error_code"来表示,sqlstate_value 和 mysql_error_code 都可以表示 MySQL 的错误,sqlstate_value 为长度是 5 的字符串类型的错误代码;mysql_error_code 为数值类型错误代码。例如"ERROR1146(42S02)"中,"sqlstate_value"的值是"42S02","mysql_error_code"的值是"1146"。

【例 16.16】 下面定义"ERROR1146(42S02)"这个错误,名称为"can_not_find"。可以用两种不同的方法来定义,执行代码如下:

```
//方法一: 使用 sqlstate_value
DECLARE can_not_find CONDITION FOR SQLSTATE '42S02'
//方法二: 使用 mysql_error_code
DECLARE can_not_find CONDITION FOR SQLSTATE 1146
```

2)定义异常处理程序

MySQL 中可以使用"DECLARE"关键字来定义异常处理程序。其基本语法格式如下:

```
DECLARE handler_type HANDLER FOR condition_value[,…]sp_statement
```

其中,handler_type:

```
    CONTINUE | EXIT | UNDO
condition_value:
    SQLSTATE[VALUE]sqlstate_value | condition_name | SQLWARNING
    | NOT FOUND | SQLEXCEPTION | mysql_error_code
```

其中,"handler_type"参数指明错误的处理方式,主要有 3 种:"CONTINUE""EXIT"和"UNDO"。"CONTINUE"表示遇到错误不进行处理,继续向下执行;"EXIT"表示遇到错误后马上退出;"UNDO"表示遇到错误后撤回之前的操作,MySQL 中暂时还不支持这种处理方式。通常情况下,执行过程中遇到错误应该立即停止执行下面的语句,并且撤回前面的操作。但是,MySQL 中现在还不能支持"UNDO"操作。因此,遇到错误时最好执行"EXIT"操作。如果事先能够预测错误类型,并且进行相应的处理,那么可以执行"CONTINUE"操作。

"condition_value"参数指明错误类型,该参数有 6 个取值。"sqlstate_value"和"mysql_error_code"与条件定义中的解释是同一个意思。"condition_name"是自定义的错误条件名称(异常名),SQLWARNING 表示所有以 01 开头的"sqlstate_value"的值。"NOT FOUND"表示所有以"02"开头的"sqlstate_value"的值。"SQLEXCEPTION"是对所有未被"SQLWARNING"或"NOT FOUND"捕获的"sqlstate_value"的值。"sp_statement"表示一些存储过程或函数的执行语句。

【例 16.17】　下面定义处理程序的几种方式,执行代码如下:

```
//方法一: 捕获 sqlstate_value
DECLARE CONTINUE HANDLER FOR SQLSTATE '42S02' SET @info='CAN NOT FIND';
//方法二: 捕获 mysql_error_code
DECLARE CONTINUE HANDLER FOR 1146 SET @info='CAN NOT FIND';
//方法三: 先定义条件,然后调用
DECLARE can_not_find CONDITION FOR 1146;
DECLARE CONTINUE HANDLER FOR can_not_find SET @info='CAN NOT FIND';
//方法四: 使用 SQLWARNING
DECLARE EXIT HANDLER FOR SQLWARNING SET @info='ERROR';
//方法五: 使用 NOT FOUND
DECLARE EXIT HANDLER FOR NOT FOUND SET @info='CAN NOT FOUND';
//方法六: 使用 SQLEXCEPTION
DECLARE EXIT HANDLER FOR SQLEXCEPTION SET @info='ERROR';
```

这里简单阐述以上 6 种定义处理程序的方法:

①捕获"sqlstate_value"值。如果遇到"sqlstate_value"值为"42S02",执行 CONTINUE 操作,并且输出"CAN NOT FIND"信息。

②捕获"mysql_error_code"值。如果遇到"mysql_error_code"值为"1146",执行 CONTINUE 操作,并且输出"CAN NOT FIND"信息。

③先定义条件,然后再调用条件。这里先定义"can_not_find"条件,遇到"1146"错误就执行 CONTINUE 操作。

④使用"SQLWARNING"。"SQLWARNING"捕获所有以"01"开头的"sqlstate_value"值,然后执行 EXIT 操作,并且输出"ERROR"信息。

⑤使用"NOT FOUND"。"NOT FOUND"捕获所有以"02"开头的"sqlstate_value"值,然后执行 EXIT 操作,并且输出"CAN NOT FIND"信息。

⑥使用"SQLEXCEPTION"值,然后执行 EXIT 操作,并且输出"ERROR"信息。

【例 16.18】　创建一个存储过程,向 students 表插入一行数据(122004,李军,男,1991-12-10,D002),已知学号"122004"在 student 表中已存在。如果出现错误,程序继续进行。

```
USE JXGL;
DELIMITER $$
CREATE PROCEDURE INSERT_STU()
BEGIN
##DECLARE CONTINUE HANDLER FOR SQLSTATE '23000' SET @x1=1;
DECLARE CONTINUE HANDLER FOR SQLSTATE '23000' SET @x1=1;
SET @x2=2;
INSERT INTO students(s_no,s_name,sex,birthday,d_no)
VALUES('122004','李军','男','1991-12-10','D002');
SET @x3=3;
END $$
DELIMITER ;

mysql> CALL insert_stu();
mysql> SELECT @x1,@x2,@x3;
```

从调用结果看,表明存储过程执行到语句"DECLARE CONTINUE HANDLER FOR SQLSTATE '23000' SET @×2=1;"时继续完成了存储过程所有语句的执行,并且没有报错,这里可以将这条语句注释后,对比效果。

16.6 修改存储过程

修改存储过程是指修改已经定义好的存储过程。MySQL 中通过"ALTER PROCEDURE"语句来修改存储过程的某些特征。其基本语法格式如下:

```
ALTER PROCEDURE sp_name[characteristic...]
```

其中,"characteristic"为:

```
{CONTAINS SQL | NO SQL | READS SQL DATA | MODIFIES SQL DATA}
| SQL SECURITY {DEFINER | INVOKER}
| COMMENT 'string'
```

说明:"characteristic"是存储过程创建时的特征,在"CREATE PROCEDURE"语句中已经介绍过了。只要设定了其中的值,存储过程的特征就会随之变化。如果要修改存储过程的内容,可以使用先删除再重新定义存储过程的方法。

【例 16.19】　下面修改存储过程"num＿from＿student"的定义。将读写权限改为"MODIFIES SQL DATA",并指明调用者可以执行。执行代码如下:

```
ALTER PROCEDURE num_from_student
MODIFIES SQL DATA
SQL SECURITY INVIKER;
```

执行代码,并查看修改后的信息,结果显示存储过程修改成功。

注意:如果要修改存储过程的具体的执行体语句,建议在 MySQL 中先删除已有存储过程,再重新创建同名的存储过程。

16.7　查看存储过程

存储过程创建后,用户可能需要查看存储过程的状态或者定义等信息,便于了解存储过程的基本情况。下面介绍如何查看存储过程的相关信息。

(1)**查看存储过程的状态**

```
SHOW {PROCEDURE | FUNCTION} STATUS[LIKE 'pattern']
```

下面演示的是查看过程 num_from_student 的信息:

```
mysql> SHOW PROCEDURE STATUS LIKE 'num_from_student'\G
```

(2)**查看存储过程的定义**

```
SHOW CREATE {PROCEDURE | FUNCTION} sp_name
```

下面演示的是查看过程 num_from_student 的定义:

```
mysql> SHOW CREATE PROCEDURE num_from_student \G
```

(3)**通过查看 information_schema. routines 了解存储过程的信息**

除了以上两种方法,还可以查看系统表来了解存储过程的相关信息,通过查看 information_schema. routines 就可以获得存储过程,包括名称、类型、语法、创建人等信息。例如,通过查看 information_schema. routines 得到过程 num_from_student 的定义:

```
mysql> SELECT *  FROM routines
    WHERE ROUTINE_NAME = 'num_from_student'\G
```

16.8　删除存储过程

删除存储过程指删除数据库中已经存在的存储过程。MySQL 中使用"DROP PROCEDURE"语句来删除存储过程。在此之前,必须确认该存储过程没有依赖关系,否则会导致其他与之关联的存储过程无法运行。"DROP PROCEDURE"语句的基本语法格式如下:

```
DROP PROCEDURE[IF EXISTS] sp_name
```

其中,"sp_name"是要删除的存储过程的名称。"IF EXISTS"子句是 MySQL 的扩展,如果程序或函数不存在,它能防止发生错误。

【例 16.20】　删除存储过程"dowhile",执行代码如下:

```
DROP PROCEDURE IF EXISTS dowhile;
```

本章小结

本章主要介绍了存储过程的创建、修改、查看及调用方法,并介绍了存储过程中的变量、流程控制的定义和使用、异常处理等,这些对初学者编写简单的存储过程会有所帮助。虽然使用变量、异常处理、流程控制可以编写功能强大的存储过程,并进行复杂的逻辑处理,但是由于篇幅问题,本章并没有对这部分内容进行深入,读者如果有兴趣的话,可以查询在线的 MySQL 文档获得帮助。存储过程的优势是可以将数据的处理放在数据库服务器上进行,避免将大量的结果集传输给客户端,减少数据的传输,但是在数据库服务器上进行大量的复杂运算也会占用服务器的 CPU 资源,造成数据库服务器的压力,所以不要在存储过程中进行大量的复杂运算,应尽量将这些运算操作分摊到应用服务器上执行。

课后习题

1. 解释什么是存储过程。
2. 简述在存储过程中可以使用的语句。
3. 列举使用存储过程有哪些好处。

第 17 章　触发器

MySQL 从 5.0.2 版本开始支持触发器的功能。触发器是与表有关的数据库对象,在满足定义条件时触发,并执行触发器中定义的语句集合。触发器的这种特性可以协助应用在数据库端确保数据的完整性。本章将详细介绍 MySQL 中触发器的使用方法。

学习目标:

- 理解触发器的工作机制;
- 了解触发器的类型;
- 掌握触发器的创建、查看和删除方法;
- 掌握利用触发器实现数据一致性的基本操作。

17.1　触发器的工作原理

触发器由“INSERT”“UPDATE”和“DELETE”等事件来触发某种特定操作。满足触发器的触发条件时,数据库系统就会执行触发器中定义的程序语句。这样做可以保证某些操作之间的一致性。例如,当学生表中增加了一个学生的成绩记录时,或者对成绩记录做更新与删除操作时,学生的总学分就必须根据成绩情况同时改变。我们可以在这里创建一个触发器,保证学生总学分与成绩记录数是一致的。

MySQL 中,创建触发器的基本语法格式如下:

```
CREATE TRIGGER trigger_name trigger_time trigger_event
ON tbl_name FOR EACH ROW trigger_stmt
```

说明:

①trigger_name 是要创建的触发器对象名称,触发器是与表有关的数据库对象,当表上出现特定的事件时,将激活该对象。

②tbl_name 是触发器关联的表,tbl_name 只能是永久表(Permanent Table),不能是临时表。

③trigger_time 是触发器的触发时间,可以是 BEFORE 或者 AFTER。BEFORE 的含义是指在检查约束前触发,而 AFTER 是在检查约束后触发。注意:不是触发它的语句执行前或后,因为一条语句影响多少行数据,就会触发多少次。

④trigger_event 就是触发器的触发事件,就是激活触发程序的语句类型,可以是 INSERT(包括 INSERT,LOAD DATA,REPLACE 语句)、UPDATE 或者 DELETE(包括 DELETE 和 REPLACE 语句)。

⑤FOR EACH ROW 表示每行受影响,触发器都执行,称为行级触发器。Oracle 触发器中分行级触发器和语句级触发器,语句级可不写 for each row,无论影响多少行都只执行一次。但 MySQL 不支持语句触发器,所以必须写 FOR EACH ROW。

⑥trigger_stmt 是触发器的执行语句,可以是一条语句,也可以是多条语句,如果需要执行多条语句,就用 BENGIN…END 定义成语句块,里面可以使用像存储过程中的流程控制语句。

⑦在触发器的执行语句中,经常使用别名 OLD 和 NEW 来引用触发器关联的表中正在发生变化的记录内容。在 INSERT 语句触发器中,NEW. column_name 用来引用新插入那行的某个列;在 DELETE 语句触发器中,OLD. column_name 用来引用正被删除那行的某个列;在 UPDATE 语句触发器中,OLD. column_name 用来引用被更新之前的旧列值,NEW. column_name 用来引用被更新之后的新列值。

⑧对同一个表相同触发时间的相同触发事件,只能定义一个触发器。例如,对某个表的不同字段的 AFTER 更新触发器,在使用 Oracle 数据库时,可以定义成两个不同的 UPDATE 触发器,更新不同的字段时触发单独的触发器,但是在 MySQL 数据库中,只能定义成一个触发器,在触发器中通过判断更新的字段进行对应的处理。

17.2　创建触发器

【例 17.1】　创建一个触发器 tr_student_ins,实现当向学生表 students 中插入一条新记录后,同时在学生总学分表 credit 中,插入该学生的总学分记录,学分值为 0。检验执行效果。

```
mysql> DELIMITER $$
mysql> CREATE TRIGGER tr_student_ins AFTER INSERT
    -> ON students FOR EACH ROW
    -> BEGIN
    -> INSERT INTO credit VALUES(new.s_no,0);
```

```
   -> END $$
mysql> DELIMITER ;
mysql> INSERT INTO students(s_no,s_name,sex) VALUES('131001','宝强','男');

mysql> SELECT *  FROM credit;
```

　　说明：当 STUDENT_INS 触发器创建成功，向 students 表中插入一条记录后，确实在 credit 表中自动插入了一条学号为'131001'的记录。在关键字"BEGIN"和"END"之间指定了触发器的执行体，虽然这里只有一条语句，可以省略"BEGIN-END"，但还是建议加上，方便查阅。

　　【**例 17.2**】　创建一个触发器 tr_cno_upd，当更改表 course 中某门课的课程号时，同时将 score 表该课程号全部更新。并检验执行效果。

```
mysql> DELIMITER $$
mysql> CREATE TRIGGER tr_cno_upd AFTER UPDATE
   -> ON course FOR EACH ROW
   -> BEGIN
   ->   UPDATE score SET c_no=new.c_no WHERE c_no=old.c_no;
   -> END $$
mysql> DELIMITER;
mysql> UPDATE course SET c_no='X001' WHERE c_no='A001';
Rows matched: 1 Changed: 1 Warnings: 0

mysql> SELECT *  FROM score;
```

　　【**例 17.3**】　创建一个触发器 tr_student_del，当删除 students 表中某个人的记录时，删除 score 表和 credit 表的相应的成绩记录。并检验执行效果。

```
mysql> DELIMITER $$
mysql> CREATE TRIGGER tr_student_del AFTER DELETE
   -> ON students FOR EACH ROW
   -> BEGIN
   ->   DELETE FROM score WHERE s_no=old.s_no;
   ->   DELETE FROM credit WHERE s_no=old.s_no;
   -> END $$

mysql> DELIMITER;
mysql> DELETE FROM students WHERE s_no='131001';

mysql> SELECT *  FROM credit;
```

【例 17.4】 创建一个存储过程 pro_compute_credit,用于计算学生的总学分,再创建 3 个触发器 tr_insert_credit, tr_update_credit, tr_delete_credit,分别实现对学生成绩表 score 进行插入、更新、删除操作时,调用存储过程 pro_compute_credit 完成学生总学分的再计算。

```
mysql> DELIMITER $$
mysql> CREATE PROCEDURE pro_compute_credit(IN xh char(6))
    -> BEGIN
    ->    DECLARE zxf int;
    ->    SELECT SUM(credit) INTO zxf FROM course WHERE c_no IN(SELECT c_no FROM score
WHERE report>=60 AND s_no=xh);
    ->    UPDATE CREDIT SET credit=zxf WHERE s_no=xh;
    -> END $$


mysql> CREATE TRIGGER tr_insert_credit AFTER INSERT
    -> ON score FOR EACH ROW
    -> BEGIN
    ->    DECLARE xh char(6);
    ->      SET xh=new.s_no;
    ->    CALL pro_compute_credit(xh);
    -> END $$


mysql> INSERT INTO score(s_no,c_no,report) VALUES('122001','B002',80) $$


mysql> SELECT *  FROM credit $$


mysql> CREATE TRIGGER tr_update_credit AFTER UPDATE
    -> ON score FOR EACH ROW
    -> BEGIN
    ->    DECLARE xh char(6);
    ->      SET xh=old.s_no;
    ->    CALL pro_compute_credit(xh);
    -> END $$


mysql> UPDATE score SET report=60 WHERE s_no='122001' AND c_no='A002' $$
Rows matched: 1 Changed: 1 Warnings: 0


mysql> SELECT *  FROM credit $$
```

```
mysql> CREATE TRIGGER tr_delete_credit AFTER DELETE
   -> ON score FOR EACH ROW
   -> BEGIN
   ->    DECLARE xh char(6);
   ->    SET xh=old.s_no;
   ->    CALL pro_compute_credit(xh);
   -> END $$

mysql> DELETE FROM score WHERE s_no='122001' AND c_no='B002' $$

mysql> SELECT *  FROM credit $$

mysql> DELIMITER;
```

MySQL 数据库不支持在同一个触发器中,同时实现 INSERT, UPDATE, DELETE 事件触发,因此在这里要用到 3 个触发器,分别实现学生总学分的计算与更新。

MySQL 数据库也不支持对 TRIGGER 的修改操作,无论是 ALTER 语句,或者是 CREATE OR REPLACE 语句,都没有针对触发器的操作。

17.3　查看触发器

可以通过执行 SHOW TRIGGERS 命令查看触发器的状态、语法等信息,但是因为不能查询指定的触发器,所以每次都返回所有的触发器的信息,使用起来不是很方便。

【例 17.5】　使用 SHOW TRIGGERS 命令查看当前数据库的所有触发器的信息。

```
mysql> SHOW TRIGGERS \G
```

另一个查看方式是查询系统表的 information_schema. triggers 表,这个方式可以查询指定触发器的指定信息,操作起来明显方便很多。

【例 17.6】　利用系统表 information_schema. triggers,查看 tr_insert_credit 触发器的信息。

```
mysql> DESC information_schema.triggers;
mysql> SELECT *  FROM information_schema.triggers WHERE trigger_name='tr_insert_credit'\G
```

17.4　删除触发器

删除触发器指删除数据库中已经存在的触发器。MySQL 中使用"DROP TRIGGER"语句来删除触发器。其基本形式如下：

```
DROP TRIGGER 触发器名;
```

【例 17.7】　删除触发器 tr_student_del。

```
DROP TRIGGER tr_student_del;
```

17.5　触发器的使用

触发器执行的语句有以下两个限制。

①触发程序不能调用将数据返回客户端的存储过程，也不能使用 CALL 语句的动态 SQL 语句，但是允许存储过程通过参数将数据返回触发程序。也就是存储过程通过 OUT 或者 INOUT 类型的参数将数据返回触发器是可以的，但是不能调用直接返回数据的存储过程。

②不能在触发器中使用以显式或隐式方式开始或结束事务的语句，如 START TRANSACTION，COMMIT 或 ROLLBACK 等事务操作语句。

MySQL 的触发器是按照 BEFORE 触发器、行操作（INSERT，UPDATE，DELETE）、AFTER 触发器的顺序执行的，其中任何一步操作发生错误都不会继续执行剩下的操作。如果是对事务表进行的操作，那么会整个作为一个事务被回滚（Rollback），但是如果是对非事务表进行的操作，那么已经更新的记录将无法回滚，这也是设计触发器时需要注意的问题。

本章小结

本章介绍了 MySQL 数据库的触发器，包括触发器的定义和作用、创建触发器、查看触发器、使用触发器和删除触发器等内容。创建触发器和使用触发器是本章的重点。读者在创建触发器后，一定要查看触发器的结构。使用触发器时，触发器执行的顺序为 BEFORE 触发器、表操作(INSERT,UPDATE 和 DELETE)和 AFTER 触发器。创建触发器是本章的难点。读者需要将本章的知识结合实际需要来设计触发器。

课后习题

1. 什么是触发器,简述触发器的工作机制。
2. MySQL 触发器有哪些类型?
3. 使用触发器进行 SQL 编程或进行数据管理,有哪些优点?

第18章　数据库应用系统连接

MySQL 作为广泛使用的关系型数据库,使用关系表格来存储,使用结构化查询语言来访问数据,但并不能独立实现应用程序编程,必须借助其他开发语言与工具来实现业务逻辑处理与数据可视化处理。那么就必须提供一种途径,以方便应用程序通过数据库来检索和存储信息,这就是所谓的实现数据库的连接。

学习目标:

- 了解通过 PHP 进行 MySQL 数据库访问的基本方法;
- 了解通过 Java 进行 MySQL 数据库访问的基本方法;
- 了解通过 C#进行 MySQL 数据库访问的基本方法。

18.1　PHP 连接 MySQL 数据库

目前 PHP 是比较流行的动态网页开发技术,PHP 提供了标准的数据接口,数据库连接十分方便,兼容性好,扩展性好,可以进行面向对象编程。PHP 最大的特色是简单并与MySQL 天生的结合性,对 MySQL 来说 PHP 可以说是其最佳搭档。

从根本上来说,PHP 是通过 MySQL 接口中预先写好的一些函数来与 MySQL 数据库进行通信的,向数据库发送指令,接收返回数据等都是通过函数来完成的。PHP 要访问MySQL 数据库,需要适当地配置 PHP 与 Apache 服务器,并在 PHP 中加入 MySQL 接口后,才能顺利地访问 MySQL 数据库。

(1)PHP 连接到 MySQL 的函数

MySQL 接口提供 mysql_connect( )函数来连接 MySQL 数据库,mysql_connect( )函数的使用方法如下:

```
$connection=mysql_connect("host/IP","username","password");
```

MySQL 接口提供 mysql_select_db( )函数来打开 MySQL 数据库,mysql_select_db( )函数的使用方法如下:

```
mysql_select_db("database", $link);
```

database 为数据库名, $link 为连接标识符。

【例 18.1】　连接数据库 JXGL,用户名为"root",用户密码为"123456",本地登录,代码如下:

```
<?
$username = "root";                        //连接数据库的用户名
$password = "123456";                      //连接数据库的密码
$database = "JXGL";                        //数据库名
$hostname = "localhost";                   //服务器地址
$link = mysql_connect( $hostname, $username, $password,1,0x20000);    //连接数据库
//注:存储过程返回结果集时 client_flags 参数要设置为 0x20000
Mysql_select_db( $database, $link) or die('Could not connect: '.mysql_error());    //
打开数据库
Mysql_query("SET NAMES 'UTF8'");           //使用 UTF8 编码
?>
```

(2)**执行 SQL 语句**

连接到 MySQL 数据库后,PHP 可以通过 mysql_query( )函数对数据进行查询、插入、更新与删除操作。但 mysql_query( )函数一次只能执行一条 SQL 语句。如果一次要执行多个 SQL 语句,需要使用 multi_query( )函数。

1)mysql_query( )函数的使用

PHP 可以通过 mysql_query( )函数来执行 SQL 语句,如果 SQL 语句是 INSERT,UPDATE, DELETE 语句,执行成功后 mysql_query( )函数返回 true,否则返回 false,并且可以通过 affected_row( )函数获取发生变化的记录数。

【例 18.2】　查询学生信息表 students。

```
$query = "select *  from students";
$result = mysql_query( $query, $database) or die(mysql_error( $db));
```

【例 18.3】　向学生成绩表 score 插入数据。

```
$sqlinsert = "insert into score values('122009','A001',80)";
mysql_query( $sqlinsert);
echo $mysqli ->affected_rows;        //输出影响的行数
```

【例 18.4】　删除学生成绩表 score 的数据。

```
$sqldelete = "delete from score where s_no = '122009' and c_no = 'A001'";
mysql_query( $sqldelete);
```

【例 18.5】 更新学生成绩表 score 的数据。

```
$sqlupdate = "update score set report=80 where s_no='122001' and c_no='A001'";
mysql_query($sqlupdate);
```

2）multi_query（）函数的使用

PHP 可以通过 mysql_query（）函数来执行多条 SQL 语句。具体做法是把多条 SQL 命令写在同一个字符串里作为参数传递给 mysql_query（）函数,多条 SQL 语句之间用分号分隔。如果第一条 SQL 命令在执行时没有出错,这个方法就会返回 true,否则将返回 false。

【例 18.6】 将字符集设置为 gb2312,并向学生成绩表 score 插入一行数据,然后查询 score 表的数据。

```
$query = "set names gb2312;";      //设置查询字符集为 gb2312
$query .= "insert into score values('122010','A001',60);";
//向 score 表插入一行数据
$query .= "select *  from score;";      //设置查询 score 表数据
multi_query($query);
$result = mysql_query($query, $link);
```

（3）**处理查询结果**

Query（）函数成功地执行 SELECT 语句后,会返回一个 mysqli resultd 对象 $result,SELECT 语句的查询结果都存储在 $result 中。Mysqli 接口提供了 4 种方法来读取数据。

① $rs = $result -> fetch_row（）:mysql_fetch_row（）函数从结果集中取得一行作为数字数组。

② $rs = $result -> fetch_array（）:mysql_fetch_array（）函数从结果集中取得一行作为关联数组,或数字数组,或二者兼有。返回根据从结果集取得的行生成的数组,如果没有更多行,则返回 false。

③ $rs = $result -> fetch_assoc（）:mysql_fetch_assoc（）函数从结果集中取得一行作为关联数组。返回根据从结果集取得的行生成的关联数组,如果没有更多行,则返回 false。

④ $rs = % result -> fetch_object（）:mysql_fetch_object（）函数从结果集中取得一行作为对象。若成功的话,从函数 mysql_query（）获得一行,并返回一个对象。如果失败或没有更多的行,则返回 false。

下面重点介绍 fetch_row（）函数。其基本语法格式如下:

```
mysql_fetch_row(data)
```

data 是要使用的数据指针。该数据指针是从 mysql_query（）函数返回的结果。

【例 18.7】 查询系别为"D001"的学生信息。

```
$con = mysql_connect("localhost","root","123456");
If(! $con)
  {
```

```
    Die('Could not connect: '.mysql_error());
    }
$db_selected=mysql_select_db("jxgl", $con);
$sql="select *  from students where d_no='D001'";
$result=mysql_query( $sql, $con);
print_r(mysql_fetch_row( $result));
mysql_close( $con);
```

此外,还可以通过 fetch_fields( )函数获取查询结果的详细信息,这个函数返回对象数组。通过这个数组可以获取字段名、表名等信息。例如,$info = $result->fetch_fields( )可以产生一个对象数组 $info,然后通过 $info[#n]->name 获取字段名,$info[$n]->table 获取表名。

(4)关闭创建的对象

对 MySQL 数据库的访问完成后,必须关闭创建的对象。连接 MySQL 数据库时创建了 $connection 对象,处理 SQL 语句的执行结果时创建了 $result 对象。操作完成后,这些对象都必须使用 close( )方法来关闭。其基本语法格式如下:

```
$result->close( );
$connection->close( );
```

18.2　Java 访问 MySQL 数据库

Java 是一个跨平台、面向对象的程序开发语言,而 MySQL 是主流的数据库开发语言,基于 Java+MySQL 进行程序设计也是当今比较流行的开发范例。Java 语言可通过 Java 数据库连接(Java Database Connectivity, JDBC)来访问 MySQL 数据库。JDBC 的接口和类与 MySQL 数据库建立连接,然后将 SQL 语句的执行结果进行处理。Connector/J 是作为 MySQL 同 JDBC 连接的一个接口规范。

(1)下载并安装 JDBC 驱动 MySQL Connector/J

可以在 MySQL 官方网站下载 JDBC 驱动,较新的 JDBC 驱动程序版本是 Connector/J5.0,下载 MySQL – connector – java – 5. 0. 8. zip 压缩包,打开压缩包,将其中的 Java 包(MySQL–connector–java –5. 1. 18–bin. jar)复制到指定目录下,例如“D: \”。

要安装 Connector/J 驱动程序库,最简单的方法是把 MySQL–connector–java–5. 1. 18–bin. jar 文件复制到 Java 安装目录的“ $JAVA_HOME/jre/lib/ext”中去,Java 程序在执行时会自动到这个地方来寻找驱动程序,也可以将 MySQL–connector–java–5. 1. 18–bin. jar 添加到

系统的 CLASSPATH 环境变量。方法是打开"计算机属性"->"高级系统设置"->"环境变量",在系统变量中编辑 CLASSPATH,将 MySQL-connector-java-5.1.18-bin.jar 加到最后,并在这个字符串前加";",与前一个 CLASSPATH 分开。现在就可以使用 com.mysql.jdbc.Driver 来调用 MySQL 的 JDBC 管理驱动了。

(2)java.sql *的接口和作用*

在 java.sql 包中存在 DriverManager 类、Connection 接口、Statement 接口和 ResultSet 接口。这些类和接口的作用如下:

①DriverManager 类:它是 JDBC 的管理层,作用于用户和驱动程序之间。它跟踪可用的驱动程序,并在数据库和相应驱动程序之间建立连接,也处理驱动程序登录时间限制及登录和跟踪消息的显示等事务。

②Connection 接口:建立与数据库的连接。

③Statement 接口:容纳并操作执行 SQL 语句。

④ResultSet 接口:控制执行查询语句得到的结果集。

(3)*连接* MySQL *数据库*

首先,在 Java 程序中加载驱动程序。在 Java 程序中,可以通过 Class.forName("指定数据库的驱动程序")方式来加载添加到开发环境中的驱动程序。例如,加载 MySQL 的数据驱动程序的代码如下:

```
Class.forName("com.MySQL.jdbc.Driver")
```

然后,创建数据连接对象。通过 DriverManager 类创建数据库连接对象 Connection。DriverManager 类作用于 Java 程序和 JDBC 驱动程序之间,用于检查所加载的驱动程序是否可以建立连接,然后通过它的 getConnection()方法,根据数据库的 URL、用户名和密码,创建一个 JDBC Connection 对象。例如:

```
Connection connection=DriverManager.getConnection("连接数据库的URL","用户名","密码")
```

【例 18.8】 连接已经建好的 JXGL 数据库。

```
String driver="com.mysql.jdbc.Driver";   //驱动程序名
String url="jdbc:MySQL://127.0.0.1:3306/JSGL";   //URL指向要访问的数据库名JXGL
String user="root";   //MySQL配置时的用户名
String password="123456";   //Java连接MySQL配置时的密码
try{
  Class.forName(driver);   //加载MySQL的驱动程序
  Connection conn=DriverManager.getConnection(url,user,password);   //连接数据库
  if(!conn.isClosed())
    System.out.println("Successed connecting to database");
} catch(Exception e){
  e.printStackTrace();
}
```

（4）Java **操纵 MySQL 数据库**

连接 MySQL 数据库之后，可以对 MySQL 数据库中的数据进行查询、插入、更新和删除等操作。该操纵可以通过调用 Statement 对象的相关方法执行相应的 SQL 语句来实施。其中，通过调用 Statement 对象的 executeUpdate（）方法来进行数据的更新，调用 Statement 对象的 executeQuery（）方法来进行数据的查询。通过这两个接口，Java 可以方便地操作 MySQL 数据库。

Statement 类的主要作用是用于执行静态 SQL 语句并返回它所生成的结果对象。通过 Connection 对象的 createStatement（）方法可以创建一个 Statement 对象。其代码如下：

```
Statement statement = connection.createStatement();
```

其中，statement 是 Statement 对象；connection 是 Connection 对象；createStatement（）方法返回 Statement 对象。通过这个 Java 语句就可以创建 Statement 对象。Statement 对象创建成功后，可以调用其中的方法来执行 SQL 语句。

通过调用 Statement 对象的 executeUpdate（）方法来进行数据的更新，包括插入、更新或删除等。其代码如下：

```
int result = Statement.executeUpdate(sql);
```

其中，SQL 参数必须是 insert，update 或 delete 语句，该方法返回的结果是数字。

【例 18.9】　向课程表 course 中插入一条数据（'C002'，'Access 数据库'，54，3，'选修课'）。

```
Statement.executeUpdate("INSERT INTO course(c_no,c_name,hours,credit,type) VALUES
('C002','Access 数据库',54,3,'选修课')");
```

通过调用 Statement 对象的 executeQuery（）方法进行数据的查询，而查询结果会得到 ResultSet 对象，Result 表示执行查询数据库后返回的数据的集合。

调用 executeQuery（）方法的代码如下：

```
ResultSet result = Statement.executeQuery("SELECT 语句");
```

【例 18.10】　查询课程表 course。

```
ResultSet result = Statement.executeQuery("select *  from course");
```

通过该语句可以将查询结果存储到 result 中。查询结果可能有多条记录，这就需要使用循环语句来读取所有记录。其代码如下：

```
While(result.next()){
  name = rs.getString("c_name")   //选择 c_name 这列数据
  name = new String(name.getBytes("ISO-8859-1"),"GB2312");    //使用 ISO-8859-1 字符集
将 name 解码为字节序列并将结果存储在新的字节数组中，使用 GB2132 字符集解码指定的字节数组
  System.out.println(rs.getString("c_no")+"\t"+name);
}
```

18.3　C#访问 MySQL 数据库

C#是由微软公司开发的专门为.NET 平台设计的语言,C#是事件驱动的、面向对象的、运行于.NET Framework 之上的可视化高级程序设计语言,可以使用集成开发环境来编写 C# 程序。C#是 Windows 操作系统下最流行的程序语言之一。

C#语言可以通过 MySQLDriverCS 或通过 ODBC 连接 MySQL 数据库,也可通过 MySQL 官方推荐使用的驱动程序 Connector/Net 来访问 MySQL 数据库。Connector/Net 的执行效率非常高。本节主要使用 Connector/Net 为例来访问 MySQL 数据库。

（1）**下载并安装** Connector/Net **驱动程序**

使用 C#语言来连接 MySQL 时,需要下载并安装 Connector/Net 驱动程序,在官网中选择 Connector/Net 链接,就可以跳转到 Connector/Net 的下载页面,也可以选择 mysql-connector-net-8.0.12.msi 下载。驱动程序的安装非常简单,双击下载的安装文件,就会出现 Connector/Net 的安装欢迎界面,默认安装路径在“C:\Program Files\MySQL\MySQL Connector Net 8.0.12”,可根据自己的需要重新制定安装路径。单击下一步,选择“典型安装”即可,一直按默认设定就可安装成功。

（2）**引用** Connector/Net **驱动程序**

在 VS 的集成开发环境 Microsoft Visual Studio 中,在应用工程中可以直接引用 MySQL.Data.dll 组件。其方法如下:在 Microsoft Visual Studio 中单击菜单 Project（项目）| Add Reference（添加引用）选项,就可通过浏览找到安装目录 bin 中的 MySQL.Data.dll 文件,将其添加到工程的引用中,并确保在引用中出现了 mysql.data 项。

（3）**连接** MySQL **数据库**

使用 Connector/Net 驱动程序时,通过 MySQLConnection 对象来连接 MySQL 数据库。连接 MySQL 的程序的最前面需要引用 MySql.Data.MySqlClient。连接 MySQL 数据库时,需要提供主机名或者主机 IP 地址、连接的数据库名、数据库用户名和用户密码等信息,每个信息之间用分号隔开。

【例 18.11】　C#连接数据库,服务器为本地主机,数据库为“JXGL”,用户名为“root”,密码为“123456”。

```
using MySql.Data.MySqlClient;        //引用 MySql.Data.MySqlClient
MySQLConnection conn=null;           //创建 MySQLConnection 对象
conn= new MySQLConnection("Data Source = localhost;Initial Catalog = JXGL;User ID =
root;Password=123456");
```

（4）C#操作 MySQL 数据库

连接 MySQL 数据库后，可以通过 MySqlCommand 对象来获取并执行 SQL 语句，MySqlCommand 对象主要用来管理 MySQLConnection 对象和 SQL 语句。MySqlCommand 对象的创建方法如下：

```
mysqlCommand comm=new MySqlCommand("SQL 语句",conn);
```

其中，"SQL 语句"可以是 INSERT，UPDATE，DELETE 和 SELECT 语句等；"conn"是创建好的 MySqlConnector 对象。

【例 18.12】　对象 JXGL 数据库的表执行插入、更新、删除和查询等操作。

```
MySqlCommand com=new MySqlCommand("select * from students",conn);
MySqlCommand com=new MySqlCommand("update course set credit=2 where c_no='A001'",
 conn);
MySqlCommand com=new MySqlCommand("delete from students where d_no='D001'",conn);
```

为 MySqlCommand 设置了 SQL 语句及连接后，就可以使用 MySqlCommand 对象的一些方法进行数据操作。例如，通过 ExecuteNonQuery（）方法对数据库进行插入、更新和操作等操作，该操作不需要返回结果数据集；通过 ExecuteRead（）方法查询数据库进行查询操作，将返回一个结果数据集对象 MySqlDataReader；通过 ExecuteScalar（）方法对数据库进行查询操作，将返回一个单值的标量数据对象；通过 MySqlDataReader 对象获取 SELECT 语句的查询结果。除此之外，还可以使用 MySqlAdapter 对象、DataSet 对象和 DataTable 对象来操作数据库。

（5）关闭创建的对象

使用 MySQLConnection 对象和 MySqlDataReader 对象，会占用系统资源。在不需要使用这些对象时，可以调用 Close（）方法来关闭对象，释放被占用的系统资源。关闭 MySQLConnection 对象和 MySqlDataReader 对象的语句如下：

```
conn.Close();
dr.Close();
```

关闭 MySQLConnection 对象和 MySqlDataReader 对象后，它们所占用的内存资源和其他资源就被释放出来了。

本章小结

本章简单介绍了使用 PHP，Java，C#进行 MySQL 数据库访问的软件准备，已经通过这些开发语言工具进行数据库服务器的连接，以及进行数据插入、更新、删除和查询操作的基本方法，以便读者能利用自己熟悉的开发语言工具进行数据库应用编程。

课后习题

1. 简述通过 PHP 程序连接到 MySQL 数据库服务器的基本操作步骤。

2. 简述 java.sql 接口在进行 MySQL 数据库操作过程中的基本作用。

3. 写出 C#语言中创建 MySQLCommand 对象的基本语句,并简述 MySQLCommand 对象各方法的作用。

参考文献

［1］萨师煊,王珊. 数据库系统概论［M］.3 版. 北京:高等教育出版社,2000.

［2］刘亚军,高莉莎. 数据库设计与应用［M］. 北京:清华大学出版社,2007.

［3］张莉.SQL Server 数据库原理及应用［M］.2 版. 北京:清华大学出版社,2009.

［4］秦凤梅,丁允超,杨倩. MySQL 网络数据库设计与开发［M］. 北京:电子工业出版社,2014.

［5］高阳. 数据库技术与应用［M］. 北京:电子工业出版社,2008.

［6］董崇杰. 数据库技术及应用［M］. 上海:上海交通大学出版社,2017.